KB177101

• 주 • 판 • 으 • 로 • 배 • 우 • 는 • 암 • 산 • 수 • 학 •

- 두자리 수×두자리
- 두자리 수÷한자리
- 세자리 · 두자리 수 5행 혼합 덧 · 뺄셈
- 세자리 수÷한자리

세광m

주산식 암산수학

– 호산 및 플래쉬학습 훈련 학습장

1		1		1		1	
2		2		2		2	
3		3		3		3	
4		4		4		4	
5		5		5		5	
6		6		6		6	
7		7		7		7	
8		8		8		8	
9		9		9		9	
10		10		10		10	

1		1		1		1	
2		2		2		2	
3		3		3		3	
4		4		4		4	
5		5		5		5	
6		6		6		6	
7		7		7		7	
8		8		8		8	
9		9		9		9	
10		10		10		10	

칭찬 1
칭찬 2
칭찬 3
칭찬 4
칭찬 5
칭찬 6
칭찬 7
칭찬 8
칭찬 9
칭찬 10
칭찬 11
칭찬 12
칭찬 13
칭찬 14
칭찬 15
칭찬 16
칭찬 17
칭찬 18
칭찬 19
칭찬 20
칭찬 21
칭찬 22
칭찬 23
칭찬 24
칭찬 25
칭찬 26
칭찬 27
칭찬 28
칭찬 29
칭찬 30
칭찬 31
칭찬 32

주판으로 배우는 암산 수학
매직셈
www.magicsem.co.kr / 무료상담전화 : 080-3131-7404

6

EQ를 올리는 매직셈

두 자리×두 자리(1) 4
두 자리×두 자리(2) 12
두 자리×두 자리(3) 20
두 자리÷한 자리(몫:한자리) 28
두 자리÷한 자리(몫:한자리 … 나머지)(1) . 36
두 자리÷한 자리(몫:한자리 … 나머지)(2) 44
두 자리÷한 자리(몫:두자리) 52
두 자리÷한 자리(몫:두자리 … 나머지) 60
세 자리÷한 자리(몫:두자리) 68
종합연습문제 72
정답지 76

세광m

두자리×두자리(1)

56 × 24 = 1344

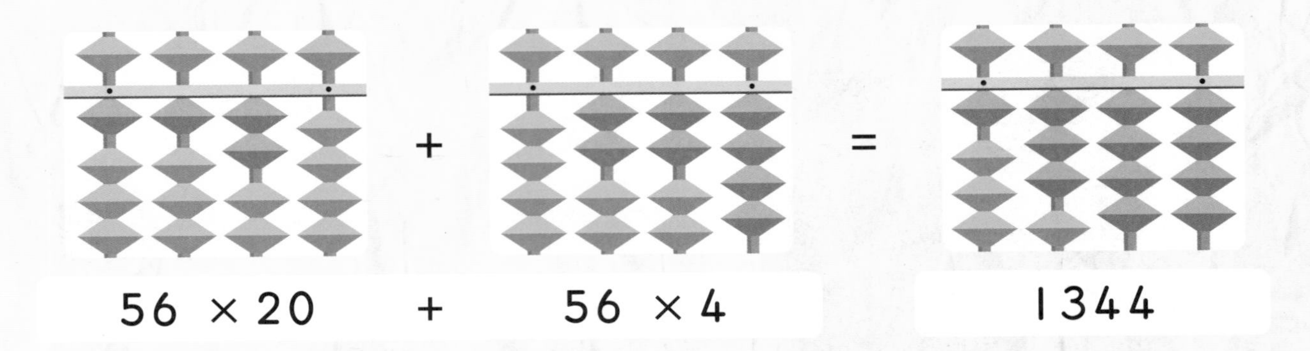

56 × 20 + 56 × 4 = 1344

주판으로 해 보세요.

1	36 × 54 =
2	61 × 28 =
3	49 × 53 =
4	68 × 43 =
5	74 × 83 =
6	32 × 79 =
7	56 × 57 =
8	83 × 46 =
9	65 × 29 =
10	76 × 35 =
11	29 × 55 =
12	40 × 87 =
13	93 × 26 =
14	89 × 61 =
15	15 × 79 =

16	47 × 15 =
17	26 × 34 =
18	94 × 50 =
19	35 × 85 =
20	46 × 19 =
21	57 × 29 =
22	79 × 34 =
23	38 × 45 =
24	56 × 74 =
25	82 × 63 =
26	69 × 51 =
27	42 × 93 =
28	74 × 36 =
29	69 × 28 =
30	37 × 64 =

★ 주판으로 해 보세요.

1	2	3	4	5
531	325	162	219	367
−8	8	−9	4	−3
−5	9	−6	9	−8
−4	3	−3	3	−9
−7	6	−8	7	−4

6	7	8	9	10
945	425	287	618	484
−3	8	−3	4	−9
−7	3	−9	3	−4
−8	7	−4	9	−7
−4	2	−6	2	−5

★ 암산으로 해 보세요.

1	2	3	4	5	6	7	8	9	10
54	67	68	81	41	78	19	53	36	48
3	8	5	9	−23	−4	51	−16	29	53
−18	55	7	34	9	16	−7	9	8	4
5	−27	−28	−46	76	8	18	82	−5	−26
62	9	73	3	8	42	4	7	63	9

주판으로 해 보세요.

1	84 × 25 =
2	26 × 93 =
3	75 × 69 =
4	68 × 73 =
5	49 × 52 =
6	18 × 96 =
7	37 × 53 =
8	64 × 40 =
9	55 × 94 =
10	58 × 46 =
11	71 × 29 =
12	35 × 54 =
13	94 × 42 =
14	37 × 81 =
15	48 × 16 =

16	49 × 33 =
17	54 × 80 =
18	63 × 24 =
19	74 × 28 =
20	65 × 54 =
21	27 × 71 =
22	38 × 93 =
23	46 × 59 =
24	73 × 48 =
25	86 × 37 =
26	57 × 66 =
27	18 × 56 =
28	76 × 34 =
29	69 × 92 =
30	53 × 87 =

암산으로 해 보세요.

1	538 × 3 =
2	449 × 5 =
3	793 × 2 =
4	382 × 7 =
5	615 × 9 =

6	942 × 6 =
7	857 × 4 =
8	176 × 8 =
9	274 × 9 =
10	368 × 5 =

주판으로 해 보세요.

1	2	3	4	5
583	823	315	476	742
−7	8	−4	7	−6
−2	4	−6	3	−3
−9	7	−2	9	−5
−6	3	−8	8	−4

6	7	8	9	10
914	346	251	548	186
−9	7	−7	3	−8
−2	8	−9	4	−4
−6	4	−1	9	−7
−3	5	−6	7	−3

암산으로 해 보세요.

1	2	3	4	5	6	7	8	9	10
19	33	68	55	54	92	23	38	41	8
6	8	19	7	27	39	74	6	64	89
45	64	6	−8	−6	−6	−9	41	9	−3
56	−3	−4	39	8	7	8	−9	−7	4
8	9	3	4	32	9	47	7	5	23

★ 주판으로 해 보세요.

1	61 × 83 =
2	58 × 75 =
3	83 × 49 =
4	28 × 31 =
5	86 × 53 =
6	77 × 64 =
7	48 × 97 =
8	45 × 56 =
9	80 × 65 =
10	67 × 14 =
11	51 × 83 =
12	79 × 42 =
13	42 × 29 =
14	64 × 57 =
15	82 × 15 =

16	87 × 43 =
17	93 × 52 =
18	25 × 81 =
19	74 × 93 =
20	83 × 74 =
21	18 × 63 =
22	76 × 34 =
23	10 × 73 =
24	39 × 29 =
25	52 × 64 =
26	43 × 38 =
27	35 × 97 =
28	78 × 54 =
29	21 × 85 =
30	54 × 27 =

★ 암산으로 해 보세요.

1	428 × 7 =
2	352 × 6 =
3	563 × 4 =
4	287 × 9 =
5	839 × 2 =

6	5 × 476 =
7	3 × 569 =
8	7 × 935 =
9	8 × 748 =
10	6 × 384 =

주판으로 해 보세요.

1	2	3	4	5
251	198	342	647	572
−6	4	−8	4	−3
−3	3	−7	9	−9
−7	9	−3	3	−8
−6	7	−9	8	−5

6	7	8	9	10
483	520	357	823	735
9	−1	5	−9	8
4	−7	4	−6	9
8	−9	6	−5	4
7	−6	3	−7	6

암산으로 해 보세요.

1	2	3	4	5	6	7	8	9	10
27	7	33	54	5	65	43	38	96	81
3	46	62	−6	8	−1	2	5	5	−5
68	−5	9	23	49	63	8	−4	14	6
5	26	7	−3	6	−8	9	67	7	−7
9	−8	4	7	73	87	33	−2	9	3

★ 암산으로 해 보세요.

1	2	3	4	5	6	7	8	9	10
45	9	53	46	4	58	65	92	8	76
6	7	9	−8	9	−4	9	−4	9	−28
34	−2	8	82	42	27	34	8	49	6
9	91	37	−16	27	−34	7	−27	67	53
57	−36	5	8	4	8	28	63	2	−45

1	584 × 2 =	16	3 × 349 =
2	326 × 9 =	17	6 × 547 =
3	675 × 3 =	18	2 × 463 =
4	768 × 7 =	19	8 × 724 =
5	549 × 5 =	20	4 × 565 =
6	189 × 6 =	21	7 × 127 =
7	637 × 3 =	22	3 × 398 =
8	964 × 8 =	23	5 × 946 =
9	595 × 4 =	24	8 × 734 =
10	458 × 6 =	25	3 × 386 =
11	719 × 2 =	26	9 × 657 =
12	354 × 5 =	27	6 × 185 =
13	942 × 4 =	28	4 × 736 =
14	837 × 1 =	29	2 × 699 =
15	148 × 6 =	30	7 × 853 =

연산학습

Q 1 계산을 하시오.

① 565 + 197 = □□

② 454 + 289 = □□

③ 637 + 295 = □□

④ 187 + 316 = □□

Q 2 계산을 하시오.

① 1344 × 7 = □□□

② 4561 × 4 = □□

③ 2163 × 4 = □□

④ 7429 × 3 = □□

Q 3 계산을 하시오.

① 628 − 34 = □□

② 245 − 73 = □□

③ 917 − 44 = □□

④ 365 − 92 = □□

Q 4 □안에 알맞은 수를 써넣으시오.

① 72 − 36 − 18 = □

72 − 36 = □, □ − 18 = □

② 80 − 17 − 44 = □

80 − 17 = □, □ − 44 = □

두자리×두자리(2)

주판으로 해 보세요.

1	94 × 17 =
2	34 × 87 =
3	62 × 14 =
4	41 × 65 =
5	75 × 36 =
6	98 × 43 =
7	35 × 66 =
8	94 × 81 =
9	88 × 73 =
10	34 × 12 =
11	55 × 18 =
12	62 × 37 =
13	19 × 86 =
14	18 × 39 =
15	75 × 42 =

16	60 × 98 =
17	18 × 70 =
18	73 × 26 =
19	16 × 43 =
20	32 × 10 =
21	84 × 53 =
22	63 × 82 =
23	26 × 91 =
24	71 × 64 =
25	46 × 83 =
26	34 × 56 =
27	47 × 63 =
28	65 × 74 =
29	98 × 25 =
30	54 × 87 =

암산으로 해 보세요.

1	918 × 3 =
2	641 × 5 =
3	136 × 4 =
4	523 × 7 =
5	759 × 6 =

6	9 × 809 =
7	2 × 734 =
8	8 × 265 =
9	3 × 347 =
10	5 × 642 =

주판으로 해 보세요.

1	2	3	4	5
434	369	804	753	602
−7	3	−9	2	−6
−4	9	−7	9	−7
−9	4	−4	3	−8
−5	7	−8	6	−3

6	7	8	9	10
654	274	531	177	352
−9	9	−8	9	−7
−3	3	−4	8	−4
−5	8	−7	3	−6
−8	7	−9	6	−8

암산으로 해 보세요.

1	2	3	4	5	6	7	8	9	10
69	35	8	74	23	94	6	17	34	15
1	−9	39	−5	49	7	69	84	8	−6
28	45	7	73	4	−8	8	−9	53	82
7	−2	73	−3	7	9	28	5	6	4
8	9	4	2	4	13	7	−3	7	−9

주판으로 해 보세요.

1	64 × 35 =
2	45 × 63 =
3	78 × 12 =
4	65 × 27 =
5	36 × 83 =
6	98 × 32 =
7	46 × 31 =
8	79 × 64 =
9	35 × 19 =
10	60 × 32 =
11	47 × 29 =
12	24 × 38 =
13	76 × 35 =
14	64 × 52 =
15	18 × 99 =

16	32 × 43 =
17	14 × 95 =
18	69 × 33 =
19	34 × 54 =
20	84 × 67 =
21	68 × 58 =
22	56 × 21 =
23	46 × 63 =
24	61 × 78 =
25	76 × 90 =
26	34 × 65 =
27	46 × 28 =
28	11 × 25 =
29	35 × 63 =
30	74 × 13 =

암산으로 해 보세요.

1	345 × 8 =
2	369 × 7 =
3	534 × 6 =
4	785 × 3 =
5	946 × 2 =

6	4 × 178 =
7	5 × 736 =
8	9 × 817 =
9	6 × 634 =
10	8 × 583 =

주판으로 해 보세요.

1	2	3	4	5
43	923	762	428	29
517	−47	34	−49	647
68	64	435	252	58
365	−358	34	−37	34
24	23	29	768	278

6	7	8	9	10
394	132	653	26	463
−75	69	−35	458	−29
247	74	18	73	68
86	85	384	367	34
−73	327	94	91	267

암산으로 해 보세요.

1	2	3	4	5	6	7	8	9	10
55	35	37	78	92	60	69	47	76	83
6	−6	6	−4	4	−1	2	−4	5	−7
74	43	62	53	34	27	72	33	84	65
7	−5	9	−8	6	−9	4	−7	7	−2
63	49	68	42	8	65	36	61	48	27

주판으로 해 보세요.

1	75 × 61 =
2	58 × 35 =
3	94 × 21 =
4	70 × 45 =
5	34 × 61 =
6	56 × 64 =
7	13 × 79 =
8	64 × 98 =
9	31 × 75 =
10	46 × 68 =
11	78 × 21 =
12	44 × 78 =
13	83 × 45 =
14	90 × 32 =
15	15 × 67 =

16	46 × 56 =
17	32 × 97 =
18	13 × 77 =
19	49 × 12 =
20	18 × 24 =
21	70 × 62 =
22	16 × 74 =
23	51 × 92 =
24	43 × 28 =
25	56 × 22 =
26	36 × 84 =
27	64 × 18 =
28	21 × 35 =
29	86 × 72 =
30	47 × 56 =

암산으로 해 보세요.

1	317 × 5 =
2	678 × 3 =
3	306 × 9 =
4	967 × 4 =
5	512 × 7 =

6	6 × 531 =
7	2 × 295 =
8	8 × 368 =
9	7 × 172 =
10	5 × 635 =

주판으로 해 보세요.

1	2	3	4	5
67	193	358	754	542
468	-37	67	-49	79
21	84	548	-78	84
28	-51	94	65	367
193	375	37	124	84

6	7	8	9	10
408	79	342	241	236
-69	23	-54	49	-74
51	499	172	366	489
186	54	-71	84	-64
-84	367	49	29	23

암산으로 해 보세요.

1	2	3	4	5	6	7	8	9	10
68	73	91	34	67	62	46	87	39	50
5	-6	4	-7	4	-5	7	-9	3	-1
48	63	66	23	34	56	72	45	24	43
4	-2	4	-9	6	-9	8	-9	5	-7
36	49	55	74	44	3	32	8	59	39

암산으로 해 보세요.

1	2	3	4	5	6	7	8	9	10
9	72	18	86	47	72	58	33	66	2
73	−3	6	−7	25	−4	7	−9	9	83
8	42	74	1	9	53	35	28	45	−4
56	−7	3	43	4	−9	7	−3	3	39
4	8	9	−4	8	3	5	4	7	−6

1	528 × 5 =
2	256 × 3 =
3	831 × 4 =
4	549 × 7 =
5	326 × 9 =
6	546 × 6 =
7	159 × 2 =
8	976 × 0 =
9	316 × 9 =
10	367 × 8 =
11	108 × 3 =
12	359 × 4 =
13	479 × 5 =
14	537 × 6 =
15	483 × 2 =

16	1 × 926 =
17	8 × 362 =
18	2 × 548 =
19	5 × 716 =
20	3 × 287 =
21	9 × 583 =
22	4 × 956 =
23	3 × 806 =
24	2 × 538 =
25	7 × 692 =
26	5 × 749 =
27	6 × 168 =
28	9 × 573 =
29	3 × 296 =
30	4 × 159 =

연산학습

Q 1 계산을 하시오.

① $547+376=$

② $468+335=$

③ $378+398=$

④ $572+268=$

Q 2 계산을 하시오.

① $4382\times2=$

② $4782\times2=$

③ $1637\times4=$

④ $3946\times6=$

Q 3 계산을 하시오.

① $439-68$

② $563-91$

③ $358-96$

④ $916-73$

Q 4 □안에 알맞은 수를 써넣으시오.

① $86-57-14=$ □

$86-57=$ □, □ $-14=$ □

② $94-47-24=$ □

$94-47=$ □, □ $-24=$ □

두자리×두자리(3)

주판으로 해 보세요.

1	64	×	57	=	16	28	×	47	=
2	18	×	75	=	17	31	×	45	=
3	21	×	45	=	18	15	×	94	=
4	47	×	24	=	19	35	×	24	=
5	56	×	94	=	20	84	×	98	=
6	46	×	30	=	21	35	×	12	=
7	36	×	73	=	22	85	×	37	=
8	85	×	48	=	23	67	×	93	=
9	89	×	52	=	24	15	×	79	=
10	46	×	39	=	25	27	×	82	=
11	63	×	39	=	26	52	×	84	=
12	82	×	61	=	27	35	×	93	=
13	88	×	42	=	28	13	×	66	=
14	76	×	17	=	29	78	×	53	=
15	81	×	38	=	30	92	×	85	=

암산으로 해 보세요.

1	136	×	5	=	6	9	×	187	=
2	473	×	7	=	7	2	×	508	=
3	402	×	3	=	8	6	×	493	=
4	867	×	8	=	9	4	×	350	=
5	482	×	4	=	10	7	×	825	=

주판으로 해 보세요.

1	2	3	4	5
259	768	563	273	67
72	-494	38	-94	329
379	23	724	72	534
42	-49	38	394	46
98	83	73	-48	79

6	7	8	9	10
362	417	912	38	617
-73	49	-46	487	-74
249	376	25	49	328
42	94	87	23	-85
-65	68	-329	564	27

암산으로 해 보세요.

1	2	3	4	5	6	7	8	9	10
36	77	68	23	67	86	32	91	42	50
8	-3	4	-6	4	-9	8	-2	-7	-1
47	51	48	43	31	33	53	57	85	43
4	-6	9	-5	3	-7	2	-9	-4	-7
36	74	6	18	36	6	18	29	5	59

주판으로 해 보세요.

1	65 × 25 =
2	54 × 81 =
3	75 × 39 =
4	61 × 42 =
5	57 × 76 =
6	82 × 51 =
7	45 × 98 =
8	94 × 61 =
9	32 × 28 =
10	52 × 58 =
11	24 × 67 =
12	71 × 34 =
13	16 × 55 =
14	35 × 40 =
15	87 × 62 =

16	98 × 83 =
17	57 × 92 =
18	42 × 60 =
19	65 × 77 =
20	76 × 37 =
21	81 × 99 =
22	68 × 74 =
23	53 × 22 =
24	84 × 15 =
25	27 × 85 =
26	20 × 54 =
27	38 × 75 =
28	57 × 64 =
29	18 × 59 =
30	68 × 15 =

암산으로 해 보세요.

1	856 × 2 =
2	682 × 9 =
3	296 × 3 =
4	287 × 4 =
5	756 × 5 =

6	6 × 374 =
7	3 × 492 =
8	7 × 382 =
9	5 × 981 =
10	8 × 723 =

주판으로 해 보세요.

1	2	3	4	5
812	447	82	223	572
68	−78	394	−39	39
45	298	217	854	44
137	−83	83	97	68
93	67	24	−57	327

6	7	8	9	10
384	635	583	287	712
−95	29	48	94	−46
367	42	−246	39	107
−58	75	78	83	82
73	484	−94	762	−91

암산으로 해 보세요.

1	2	3	4	5	6	7	8	9	10
82	60	54	45	36	63	44	30	14	85
3	−1	8	−7	7	−4	9	−1	7	−4
46	57	35	37	51	84	38	78	23	43
8	−4	−8	−8	6	−7	7	−6	4	−6
34	82	74	73	42	69	23	46	29	84

주판으로 해 보세요.

1	65 × 72 =
2	34 × 15 =
3	91 × 18 =
4	35 × 21 =
5	23 × 21 =
6	56 × 84 =
7	23 × 40 =
8	42 × 97 =
9	48 × 69 =
10	17 × 53 =
11	81 × 39 =
12	55 × 47 =
13	82 × 25 =
14	78 × 29 =
15	74 × 86 =

16	28 × 73 =
17	14 × 45 =
18	93 × 24 =
19	35 × 56 =
20	68 × 77 =
21	86 × 38 =
22	70 × 84 =
23	19 × 24 =
24	49 × 23 =
25	31 × 12 =
26	75 × 91 =
27	54 × 49 =
28	58 × 61 =
29	76 × 53 =
30	11 × 96 =

암산으로 해 보세요.

1	475 × 3 =
2	158 × 8 =
3	583 × 9 =
4	726 × 2 =
5	871 × 5 =

6	6 × 933 =
7	4 × 952 =
8	7 × 629 =
9	3 × 267 =
10	8 × 734 =

주판으로 해 보세요.

1	2	3	4	5
553	648	274	58	451
48	25	89	357	37
219	-386	367	-96	672
47	257	58	-57	43
538	-49	208	743	87

6	7	8	9	10
451	233	871	69	349
-56	68	-52	562	-57
367	654	137	54	193
-49	48	-94	18	75
28	32	249	307	-68

암산으로 해 보세요.

1	2	3	4	5	6	7	8	9	10
57	44	17	81	25	75	58	42	37	75
8	-9	7	-5	9	-8	5	-3	5	-8
36	78	34	46	37	17	24	83	74	12
3	-4	9	-6	4	-8	9	-6	5	-3
27	35	58	45	76	28	68	28	69	5

암산으로 해 보세요.

1	2	3	4	5	6	7	8	9	10
3	95	58	5	8	43	5	81	4	25
98	−7	6	49	6	−8	44	−9	67	−6
4	3	2	−8	49	6	56	14	49	37
18	−2	37	75	7	−5	9	−7	3	−8
7	25	9	−2	63	78	4	3	6	5

1	907 × 7 =
2	567 × 2 =
3	154 × 3 =
4	289 × 4 =
5	851 × 9 =
6	269 × 6 =
7	429 × 5 =
8	745 × 1 =
9	234 × 7 =
10	178 × 6 =
11	309 × 3 =
12	693 × 5 =
13	917 × 7 =
14	254 × 4 =
15	357 × 8 =

16	8 × 284 =
17	4 × 567 =
18	9 × 328 =
19	3 × 613 =
20	2 × 273 =
21	0 × 789 =
22	9 × 162 =
23	7 × 506 =
24	5 × 645 =
25	3 × 942 =
26	6 × 719 =
27	4 × 536 =
28	8 × 478 =
29	3 × 694 =
30	2 × 495 =

연 산 학 습

Q 1 계산을 하시오.

① $7256 + 579$

② $4363 + 389$

③ $5746 + 698$

④ $6854 + 879$

Q 2 계산을 하시오.

① 4372×5

② 9671×2

③ 6215×7

④ 4284×8

Q 3 계산을 하시오.

① $257 - 63$

② $325 - 73$

③ $819 - 52$

④ $417 - 85$

Q 4 □안에 알맞은 수를 써넣으시오.

① $34+16-21=\square-21=\square$

② $65-58+32=\square+32=\square$

③ $45-26+51=\square+51=\square$

두 자리÷한 자리 (몫:한 자리)

주판으로 해 보세요.

1	12 ÷ 2 =
2	24 ÷ 8 =
3	30 ÷ 6 =
4	16 ÷ 4 =
5	28 ÷ 7 =
6	15 ÷ 3 =
7	25 ÷ 5 =
8	54 ÷ 9 =
9	35 ÷ 5 =
10	12 ÷ 4 =
11	18 ÷ 3 =
12	7 ÷ 7 =
13	36 ÷ 4 =
14	10 ÷ 2 =
15	32 ÷ 8 =

⑯ $9\overline{)27}$ ⑰ $7\overline{)35}$ ⑱ $6\overline{)36}$

⑲ $2\overline{)14}$ ⑳ $3\overline{)27}$ ㉑ $8\overline{)8}$

㉒ $4\overline{)32}$ ㉓ $5\overline{)15}$ ㉔ $6\overline{)54}$

㉕ $7\overline{)49}$ ㉖ $5\overline{)10}$ ㉗ $3\overline{)21}$

㉘ $8\overline{)16}$ ㉙ $9\overline{)63}$ ㉚ $4\overline{)28}$

암산으로 해 보세요.

1	4829 × 2 =	6	8 × 4587 =
2	9523 × 6 =	7	4 × 3248 =
3	8274 × 3 =	8	9 × 5321 =
4	4529 × 5 =	9	2 × 9562 =
5	5839 × 4 =	10	3 × 8209 =

주판으로 해 보세요.

1	2	3	4	5
547	869	43	467	714
69	52	782	89	58
946	−625	239	−97	363
83	74	86	432	96
218	438	267	−84	734

6	7	8	9	10
643	237	149	629	917
−74	54	−51	79	85
236	279	832	483	−96
−63	75	27	54	348
249	738	543	837	−45

암산으로 해 보세요.

1	2	3	4	5	6	7	8	9	10
62	50	39	93	68	71	32	34	56	35
4	−7	7	−5	5	−9	−3	−9	9	−6
77	24	66	63	49	53	67	56	68	47
2	−9	5	−7	4	−2	−8	−5	9	−2
36	6	44	27	35	93	97	28	73	68

주판으로 해 보세요.

1	91 × 55 =
2	83 × 79 =
3	52 × 47 =
4	65 × 12 =
5	43 × 36 =
6	59 × 25 =
7	74 × 18 =
8	72 × 36 =
9	97 × 53 =
10	24 × 37 =
11	86 × 49 =
12	75 × 33 =
13	58 × 81 =
14	93 × 42 =
15	64 × 57 =
16	68 × 85 =
17	90 × 34 =
18	39 × 56 =
19	78 × 48 =
20	58 × 64 =
21	46 × 75 =
22	29 × 73 =
23	87 × 23 =
24	19 × 42 =
25	70 × 85 =
26	52 × 18 =
27	66 × 49 =
28	73 × 82 =
29	54 × 56 =
30	95 × 28 =

암산으로 해 보세요.

31	3219 × 3 =
32	4324 × 2 =
33	2212 × 4 =
34	1415 × 7 =
35	1235 × 8 =
36	5 × 1335 =
37	6 × 1213 =
38	9 × 1032 =
39	2 × 3142 =
40	3 × 2324 =

주판으로 해 보세요.

1	2	3	4	5
962	241	81	753	47
85	-68	34	-47	657
139	85	259	-574	28
17	-59	37	29	59
64	137	224	54	324

6	7	8	9	10
624	431	204	534	897
51	84	-52	67	-38
-28	327	346	215	-96
-79	93	18	97	82
47	56	-94	36	146

암산으로 해 보세요.

11	12	13	14	15	16	17	18	19	20
67	21	48	80	55	16	43	76	39	65
7	-6	4	-2	8	-8	4	-9	7	-1
4	47	23	46	34	82	96	57	65	32
9	-9	7	-5	9	-3	2	-7	4	-9
58	54	49	76	75	67	7	35	68	87

주판으로 해 보세요.

1	83 × 42 =
2	75 × 37 =
3	59 × 66 =
4	93 × 14 =
5	38 × 72 =
6	63 × 74 =
7	26 × 95 =
8	84 × 71 =
9	70 × 48 =
10	18 × 92 =
11	29 × 47 =
12	58 × 85 =
13	45 × 62 =
14	93 × 71 =
15	17 × 44 =

16	59 × 35 =
17	47 × 18 =
18	24 × 73 =
19	65 × 47 =
20	21 × 84 =
21	18 × 35 =
22	63 × 58 =
23	52 × 97 =
24	35 × 49 =
25	86 × 37 =
26	54 × 63 =
27	83 × 29 =
28	95 × 34 =
29	87 × 19 =
30	78 × 32 =

암산으로 해 보세요.

1	9313 × 3 =
2	4123 × 7 =
3	9120 × 9 =
4	4224 × 4 =
5	7025 × 6 =

6	8 × 4023 =
7	2 × 5248 =
8	5 × 5273 =
9	3 × 4073 =
10	4 × 6324 =

주판으로 해 보세요.

1	54 × 26 =
2	38 × 49 =
3	74 × 69 =
4	18 × 82 =
5	27 × 43 =
6	83 × 39 =
7	46 × 72 =
8	24 × 18 =
9	36 × 49 =
10	58 × 36 =
11	45 × 22 =
12	69 × 52 =
13	16 × 75 =
14	84 × 67 =
15	92 × 15 =

16	73 × 65 =
17	25 × 86 =
18	92 × 28 =
19	41 × 93 =
20	57 × 62 =
21	26 × 33 =
22	77 × 34 =
23	89 × 26 =
24	35 × 47 =
25	91 × 72 =
26	36 × 85 =
27	42 × 53 =
28	88 × 27 =
29	37 × 59 =
30	85 × 96 =

암산으로 해 보세요.

1	9725 × 5 =
2	2932 × 7 =
3	5613 × 3 =
4	4627 × 6 =
5	3895 × 4 =

6	8 × 5231 =
7	2 × 9382 =
8	5 × 3627 =
9	9 × 6523 =
10	3 × 6824 =

주판으로 해 보세요.

1	2	3	4	5	6	7	8	9	10
75	19	8	48	34	12	55	23	37	36
28	85	27	−4	2	59	7	74	85	27
2	−7	6	53	76	−7	34	−3	−4	8
67	23	34	−9	39	−8	−23	7	14	4
4	−2	68	23	7	57	9	−29	−9	56

1	586 × 2 =
2	835 × 4 =
3	562 × 6 =
4	486 × 7 =
5	748 × 3 =
6	975 × 1 =
7	362 × 9 =
8	641 × 5 =
9	965 × 8 =
10	582 × 2 =
11	795 × 6 =
12	678 × 4 =
13	360 × 3 =
14	547 × 7 =
15	168 × 9 =

16	3 × 726 =
17	5 × 391 =
18	9 × 438 =
19	0 × 659 =
20	8 × 582 =
21	2 × 965 =
22	6 × 529 =
23	7 × 480 =
24	4 × 625 =
25	5 × 832 =
26	6 × 475 =
27	8 × 768 =
28	3 × 896 =
29	2 × 357 =
30	4 × 179 =

연산학습

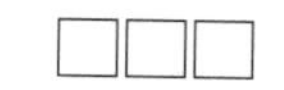

Q 1 계산을 하시오.

① $7648+795=$

② $8869+596=$

③ $4957+867=$

④ $6479+546=$

Q 2 계산을 하시오.

① $2397\times4=$

② $7839\times2=$

③ $4913\times6=$

④ $7816\times9=$

Q 3 계산을 하시오.

① $349-55$

② $358-92$

③ $457-64$

④ $728-45$

Q 4 □ 안에 알맞은 수를 써넣으시오.

① $95-63+13=\square+13=\square$

② $28+49-32=\square-32=\square$

③ $76-56+17=\square+17=\square$

두 자리÷한 자리(1) (몫:한 자리 … 나머지)

주판으로 해 보세요.

1	59 ÷ 7 =
2	15 ÷ 2 =
3	19 ÷ 4 =
4	28 ÷ 5 =
5	87 ÷ 9 =
6	23 ÷ 3 =
7	10 ÷ 6 =
8	74 ÷ 8 =
9	11 ÷ 2 =
10	39 ÷ 6 =
11	26 ÷ 3 =
12	43 ÷ 8 =
13	13 ÷ 3 =
14	48 ÷ 7 =
15	22 ÷ 4 =

16 $5\overline{)42}$ 17 $6\overline{)45}$ 18 $7\overline{)30}$

19 $2\overline{)19}$ 20 $8\overline{)35}$ 21 $3\overline{)17}$

22 $4\overline{)25}$ 23 $9\overline{)31}$ 24 $7\overline{)40}$

25 $2\overline{)13}$ 26 $7\overline{)17}$ 27 $5\overline{)43}$

28 $8\overline{)28}$ 29 $6\overline{)35}$ 30 $9\overline{)21}$

암산으로 해 보세요.

1	21 ÷ 3 =
2	35 ÷ 5 =
3	72 ÷ 9 =
4	20 ÷ 4 =
5	36 ÷ 6 =

6	18 ÷ 2 =
7	42 ÷ 7 =
8	27 ÷ 3 =
9	24 ÷ 8 =
10	16 ÷ 4 =

주판으로 해 보세요.

1	2	3	4	5
34	562	599	82	478
243	-48	31	604	86
26	839	687	495	613
657	-17	74	-57	32
485	906	895	-763	294

6	7	8	9	10
68	28	867	75	609
149	503	45	407	-97
-24	376	-32	32	233
542	67	407	681	-61
-306	351	-468	986	467

암산으로 해 보세요.

1	2	3	4	5	6	7	8	9	10
84	27	62	43	38	50	68	41	86	55
3	-4	3	-6	7	-6	9	-3	5	-2
56	48	45	37	76	62	55	25	74	79
9	-7	4	-8	4	-8	3	-8	9	-4
33	46	7	92	8	37	36	79	31	35

주판으로 해 보세요.

1	87 × 40 =
2	53 × 28 =
3	45 × 76 =
4	17 × 68 =
5	25 × 73 =
6	54 × 86 =
7	27 × 71 =
8	56 × 15 =
9	49 × 90 =
10	85 × 18 =
11	77 × 85 =
12	63 × 91 =
13	92 × 88 =
14	75 × 63 =
15	37 × 74 =

16	65 × 48 =
17	15 × 94 =
18	70 × 83 =
19	62 × 87 =
20	49 × 52 =
21	68 × 32 =
22	98 × 56 =
23	69 × 16 =
24	22 × 41 =
25	83 × 72 =
26	96 × 59 =
27	63 × 18 =
28	76 × 82 =
29	35 × 84 =
30	65 × 28 =

암산으로 해 보세요.

1	2319 × 3 =
2	4247 × 2 =
3	1308 × 5 =
4	1235 × 7 =
5	2363 × 4 =

6	4 × 2114 =
7	1 × 9587 =
8	8 × 1108 =
9	3 × 3329 =
10	2 × 4649 =

주판으로 해 보세요.

1	2	3	4	5
632	879	365	528	794
93	54	28	−79	12
46	−426	53	246	626
54	73	49	−81	53
287	−65	606	67	86

6	7	8	9	10
242	634	461	781	195
−18	94	−97	54	849
763	832	218	209	−68
29	47	−89	63	37
−32	83	34	95	−64

암산으로 해 보세요.

1	2	3	4	5	6	7	8	9	10
37	53	78	42	69	51	48	29	58	73
6	−4	3	−9	8	−2	6	−7	5	−9
53	47	24	74	48	43	24	48	62	51
5	−8	7	−4	5	−7	7	−8	8	−2
74	27	43	38	76	9	57	73	42	94

주판으로 해 보세요.

1	97 × 61 =	16	49 × 63 =
2	42 × 18 =	17	57 × 38 =
3	83 × 54 =	18	92 × 76 =
4	59 × 78 =	19	24 × 53 =
5	67 × 41 =	20	96 × 48 =
6	85 × 34 =	21	55 × 27 =
7	26 × 83 =	22	64 × 45 =
8	94 × 27 =	23	82 × 63 =
9	62 × 95 =	24	78 × 23 =
10	92 × 46 =	25	37 × 84 =
11	79 × 52 =	26	93 × 57 =
12	47 × 29 =	27	76 × 37 =
13	13 × 74 =	28	36 × 89 =
14	69 × 35 =	29	43 × 58 =
15	56 × 82 =	30	15 × 73 =

암산으로 해 보세요.

1	4572 × 5 =	6	6 × 1589 =
2	5695 × 8 =	7	4 × 8425 =
3	9713 × 7 =	8	9 × 2539 =
4	6178 × 3 =	9	5 × 7564 =
5	3947 × 2 =	10	3 × 4948 =

주판으로 해 보세요.

1	46 × 93 =
2	89 × 42 =
3	46 × 29 =
4	39 × 27 =
5	73 × 46 =
6	39 × 73 =
7	62 × 85 =
8	48 × 17 =
9	69 × 43 =
10	83 × 68 =
11	52 × 27 =
12	95 × 53 =
13	67 × 49 =
14	46 × 63 =
15	23 × 15 =

16	33 ÷ 4 =
17	76 ÷ 9 =
18	26 ÷ 6 =
19	14 ÷ 3 =
20	23 ÷ 7 =
21	17 ÷ 4 =
22	28 ÷ 5 =
23	36 ÷ 8 =
24	45 ÷ 6 =
25	23 ÷ 3 =
26	13 ÷ 2 =
27	26 ÷ 6 =
28	24 ÷ 5 =
29	71 ÷ 9 =
30	38 ÷ 7 =

암산으로 해 보세요.

1	7925 × 8 =
2	3293 × 2 =
3	1365 × 9 =
4	2764 × 3 =
5	9538 × 7 =

6	5 × 3125 =
7	3 × 8239 =
8	9 × 2736 =
9	6 × 2653 =
10	7 × 2468 =

암산으로 해 보세요.

1	9231 × 3 =
2	3245 × 7 =
3	4389 × 2 =
4	5842 × 4 =
5	9328 × 5 =
6	2754 × 8 =
7	6285 × 3 =
8	1048 × 9 =
9	5 × 6973 =
10	6 × 5618 =
11	4 × 7594 =
12	3 × 9645 =
13	2 × 4596 =
14	5 × 8467 =
15	9 × 2683 =

16	28 ÷ 4 =
17	36 ÷ 6 =
18	15 ÷ 3 =
19	32 ÷ 8 =
20	16 ÷ 2 =
21	27 ÷ 9 =
22	36 ÷ 4 =
23	35 ÷ 7 =
24	12 ÷ 6 =
25	21 ÷ 3 =
26	48 ÷ 8 =
27	16 ÷ 4 =
28	14 ÷ 2 =
29	16 ÷ 8 =
30	42 ÷ 7 =

1	2	3	4	5	6	7	8	9	10
84	66	78	27	44	72	39	40	62	71
2	−4	3	−4	2	−9	6	−1	4	−8
49	59	54	39	65	53	78	84	20	17
7	−9	6	−6	9	−2	9	−5	6	−4
56	23	14	79	38	95	63	45	4	35

연산학습

Q 1 계산을 하시오.

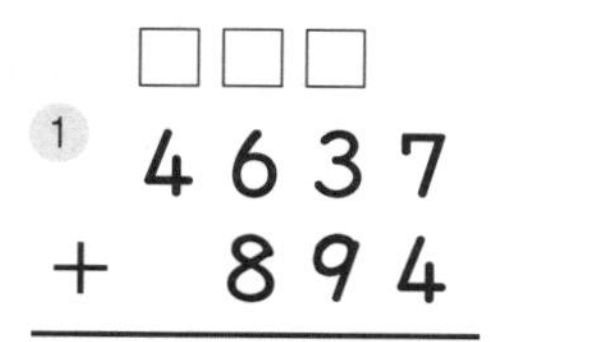

① □□□
 4637
+ 894

② □□
 6859
+ 365

③ □□□
 3954
+ 278

④ □□□
 5672
+ 449

Q 2 계산을 하시오.

① 5249
× □□3

② 3918
×□□□6

③ 6256
×□□□4

④ 8314
×□ □7

Q 3 계산을 하시오.

① □□
 975
− 83

② □□
 638
− 65

③ □□
 346
− 72

④ □□
 219
− 48

Q 4 빈 칸에 알맞은 수를 써넣으시오.

①
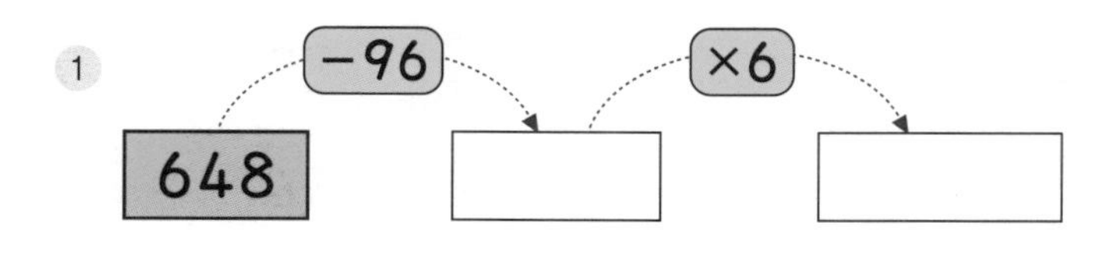

②
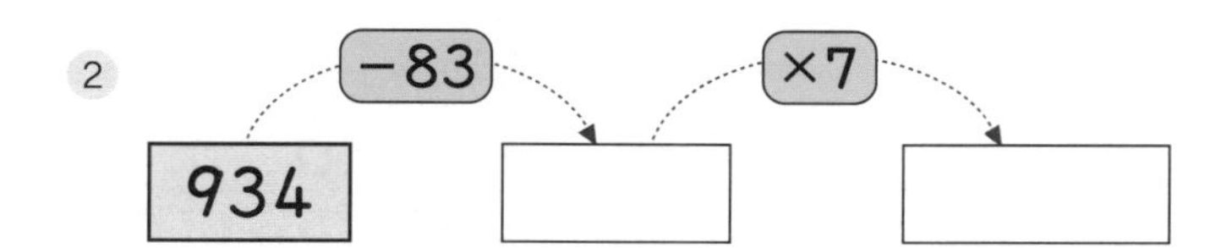

두 자리÷한 자리(2) (몫:한 자리 … 나머지)

주판으로 해 보세요.

1	57 ÷ 7 =
2	13 ÷ 3 =
3	13 ÷ 4 =
4	27 ÷ 5 =
5	80 ÷ 9 =
6	26 ÷ 3 =
7	43 ÷ 6 =
8	76 ÷ 8 =
9	11 ÷ 2 =
10	20 ÷ 6 =
11	25 ÷ 3 =
12	46 ÷ 8 =
13	38 ÷ 9 =
14	40 ÷ 7 =
15	23 ÷ 4 =

16 $5\overline{)32}$ 17 $6\overline{)37}$ 18 $7\overline{)39}$

19 $2\overline{)15}$ 20 $8\overline{)36}$ 21 $3\overline{)19}$

22 $4\overline{)29}$ 23 $9\overline{)56}$ 24 $7\overline{)46}$

25 $2\overline{)17}$ 26 $7\overline{)15}$ 27 $5\overline{)47}$

28 $8\overline{)27}$ 29 $6\overline{)35}$ 30 $9\overline{)20}$

암산으로 해 보세요.

1	10 ÷ 2 =	6	35 ÷ 7 =
2	45 ÷ 5 =	7	54 ÷ 6 =
3	27 ÷ 3 =	8	24 ÷ 8 =
4	18 ÷ 9 =	9	16 ÷ 2 =
5	56 ÷ 7 =	10	24 ÷ 4 =

주판으로 해 보세요.

1	2	3	4	5
563	924	698	237	821
79	67	72	−38	89
43	−346	159	46	247
347	547	92	−157	65
594	−96	643	784	358

6	7	8	9	10
728	314	546	407	892
26	−59	−54	54	−68
362	476	309	739	−137
94	−98	−63	346	956
449	353	149	85	74

암산으로 해 보세요.

1	2	3	4	5	6	7	8	9	10
54	62	19	78	51	62	93	82	35	42
28	−47	26	35	94	23	42	58	76	39
34	29	39	−24	37	−24	27	−39	84	64
45	53	57	26	49	48	68	14	59	−83

주판으로 해 보세요.

1	86 × 39 =
2	42 × 73 =
3	73 × 95 =
4	39 × 28 =
5	26 × 47 =
6	43 × 36 =
7	39 × 27 =
8	82 × 95 =
9	66 × 31 =
10	58 × 59 =
11	26 × 48 =
12	38 × 75 =
13	81 × 26 =
14	54 × 37 =
15	97 × 43 =

16	59 × 27 =
17	93 × 49 =
18	19 × 68 =
19	24 × 16 =
20	86 × 78 =
21	92 × 46 =
22	64 × 53 =
23	85 × 38 =
24	39 × 56 =
25	26 × 98 =
26	47 × 36 =
27	83 × 77 =
28	81 × 42 =
29	53 × 71 =
30	68 × 89 =

암산으로 해 보세요.

1	1945 × 9 =
2	9272 × 5 =
3	8526 × 4 =
4	5430 × 8 =
5	1875 × 3 =

6	7 × 9362 =
7	2 × 6347 =
8	6 × 7283 =
9	3 × 5314 =
10	4 × 8526 =

주판으로 해 보세요.

1	2	3	4	5
365	784	486	238	349
87	53	37	−84	83
73	−347	434	758	427
356	346	54	−157	56
274	−72	649	586	158

6	7	8	9	10
384	413	467	427	873
79	−79	−84	35	−88
635	674	237	379	−126
47	−89	−96	642	253
246	256	532	58	74

암산으로 해 보세요.

1	2	3	4	5	6	7	8	9	10
54	37	93	87	85	58	93	72	17	49
18	65	82	−33	47	−14	54	−38	34	58
43	−28	34	52	78	32	27	81	26	35
27	54	29	29	64	64	38	46	45	67

주판으로 해 보세요.

1	26 × 54 =
2	96 × 32 =
3	15 × 68 =
4	48 × 72 =
5	64 × 92 =
6	28 × 74 =
7	83 × 12 =
8	58 × 89 =
9	77 × 34 =
10	98 × 46 =
11	35 × 64 =
12	42 × 73 =
13	89 × 46 =
14	28 × 93 =
15	65 × 52 =
16	95 × 76 =
17	37 × 29 =
18	53 × 44 =
19	19 × 87 =
20	65 × 36 =
21	23 × 52 =
22	41 × 69 =
23	94 × 55 =
24	39 × 27 =
25	94 × 72 =
26	48 × 91 =
27	60 × 38 =
28	56 × 43 =
29	83 × 94 =
30	49 × 67 =

암산으로 해 보세요.

1	9542 × 6 =
2	5258 × 4 =
3	6347 × 5 =
4	4379 × 3 =
5	2576 × 8 =
9	7 × 3824 =
7	3 × 2946 =
8	9 × 6347 =
9	2 × 9824 =
10	5 × 1892 =

주판으로 해 보세요.

1	68 × 34 =
2	24 × 72 =
3	17 × 94 =
4	63 × 25 =
5	72 × 43 =
6	64 × 35 =
7	73 × 26 =
8	48 × 92 =
9	66 × 37 =
10	95 × 59 =
11	82 × 44 =
12	13 × 77 =
13	38 × 29 =
14	45 × 33 =
15	69 × 41 =

16	26 ÷ 3 =
17	37 ÷ 7 =
18	33 ÷ 5 =
19	13 ÷ 6 =
20	71 ÷ 9 =
21	28 ÷ 8 =
22	11 ÷ 2 =
23	38 ÷ 6 =
24	30 ÷ 4 =
25	26 ÷ 3 =
26	19 ÷ 2 =
27	59 ÷ 7 =
28	23 ÷ 5 =
29	78 ÷ 9 =
30	25 ÷ 4 =

암산으로 해 보세요.

1	4519 × 6 =
2	7292 × 3 =
3	5826 × 2 =
4	3054 × 7 =
5	5718 × 5 =

6	9 × 9362 =
7	5 × 6347 =
8	4 × 7283 =
9	8 × 5314 =
10	3 × 8526 =

암산으로 해 보세요.

1	7693 × 3 =
2	2468 × 4 =
3	9284 × 5 =
4	4269 × 6 =
5	6472 × 9 =
6	1826 × 7 =
7	4728 × 2 =
8	3409 × 8 =
9	5 × 1968 =
10	3 × 9584 =
11	2 × 7529 =
12	4 × 6317 =
13	6 × 5695 =
14	9 × 1538 =
15	7 × 1638 =

16	11 ÷ 2 =
17	26 ÷ 7 =
18	19 ÷ 3 =
19	28 ÷ 9 =
20	49 ÷ 6 =
21	67 ÷ 7 =
22	27 ÷ 4 =
23	38 ÷ 5 =
24	44 ÷ 7 =
25	17 ÷ 2 =
26	30 ÷ 4 =
27	17 ÷ 3 =
28	23 ÷ 6 =
29	42 ÷ 8 =
30	23 ÷ 3 =

1	2	3	4	5	6	7	8	9	10
76	68	15	79	64	35	27	89	43	26
57	57	36	67	36	87	39	45	58	37
32	−39	72	−89	15	−58	65	−56	64	−28
68	19	39	54	27	83	24	32	19	24

연산학습

Q 1 계산을 하시오.

① 8367 + 675 =

② 6748 + 842 =

③ 3946 + 359 =

④ 5965 + 267 =

Q 2 계산을 하시오.

① 6943 × 6 =

② 9274 × 4 =

③ 7483 × 2 =

④ 3846 × 8 =

Q 3 계산을 하시오.

① 857 − 97 =

② 546 − 64 =

③ 349 − 68 =

④ 758 − 86 =

Q 4 빈 칸에 알맞은 수를 써넣으시오.

①

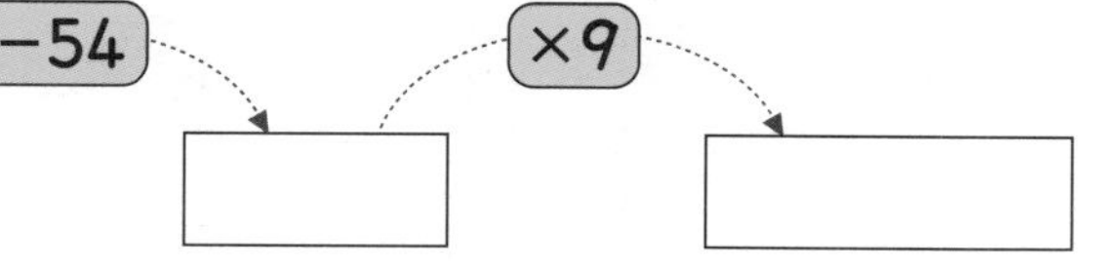

②

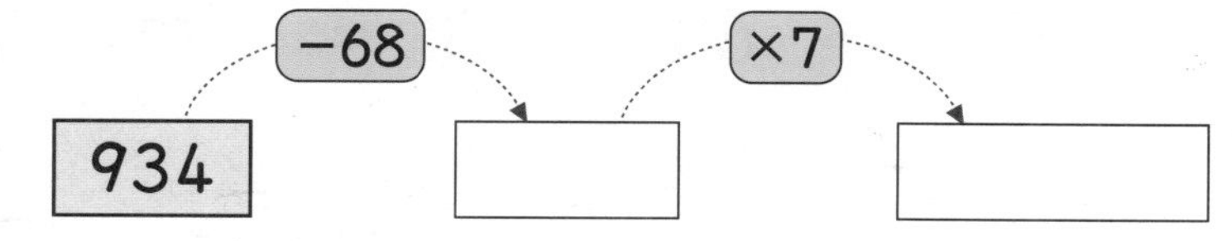

두 자리÷한 자리 (몫:두 자리)

주판으로 해 보세요.

1	72 ÷ 6 =
2	48 ÷ 4 =
3	75 ÷ 5 =
4	82 ÷ 2 =
5	91 ÷ 7 =
6	84 ÷ 3 =
7	90 ÷ 9 =
8	32 ÷ 2 =
9	44 ÷ 1 =
10	96 ÷ 8 =
11	84 ÷ 6 =
12	98 ÷ 7 =
13	56 ÷ 4 =
14	65 ÷ 5 =
15	99 ÷ 9 =

16 $7\overline{)84}$ 17 $3\overline{)48}$ 18 $8\overline{)88}$

19 $5\overline{)95}$ 20 $4\overline{)68}$ 21 $6\overline{)78}$

22 $2\overline{)36}$ 23 $5\overline{)55}$ 24 $3\overline{)96}$

25 $4\overline{)76}$ 26 $4\overline{)60}$ 27 $8\overline{)80}$

28 $6\overline{)66}$ 29 $3\overline{)42}$ 30 $5\overline{)80}$

암산으로 해 보세요.

1	78 ÷ 8 =
2	23 ÷ 3 =
3	46 ÷ 9 =
4	27 ÷ 4 =
5	14 ÷ 5 =

6	47 ÷ 6 =
7	15 ÷ 2 =
8	39 ÷ 7 =
9	65 ÷ 8 =
10	29 ÷ 3 =

주판으로 해 보세요.

1	2	3	4	5
395	237	671	573	486
−72	86	−87	241	−93
483	393	567	46	682
−49	67	−34	37	78
678	642	483	645	−534

6	7	8	9	10
473	827	752	943	253
69	−93	39	−86	79
548	−25	308	−275	35
94	87	43	68	749
243	725	624	374	84

암산으로 해 보세요.

1	2	3	4	5	6	7	8	9	10
35	45	27	73	56	73	25	68	91	62
19	27	56	19	14	−34	47	76	74	−37
84	−19	43	−47	53	52	73	−46	36	29
26	83	65	56	38	49	39	57	29	53

주판으로 해 보세요.

1	32 × 98 =
2	41 × 53 =
3	78 × 24 =
4	92 × 73 =
5	56 × 19 =
6	37 × 66 =
7	59 × 45 =
8	32 × 86 =
9	67 × 21 =
10	94 × 73 =
11	75 × 34 =
12	63 × 81 =
13	25 × 49 =
14	69 × 36 =
15	82 × 55 =

16	96 × 33 =
17	29 × 42 =
18	46 × 56 =
19	38 × 29 =
20	84 × 57 =
21	93 × 62 =
22	48 × 16 =
23	87 × 65 =
24	35 × 92 =
25	72 × 28 =
26	83 × 91 =
27	35 × 54 =
28	90 × 38 =
29	29 × 52 =
30	47 × 23 =

암산으로 해 보세요.

1	2537 × 4 =
2	3254 × 6 =
3	6304 × 3 =
4	6542 × 9 =
5	3542 × 7 =

6	2 × 6248 =
7	5 × 7532 =
8	8 × 4573 =
9	4 × 7239 =
10	3 × 8593 =

주판으로 해 보세요.

1	2	3	4	5
42	572	419	724	437
675	−96	−25	94	−98
29	698	963	348	923
234	−67	−34	76	59
68	438	823	283	−189

6	7	8	9	10
526	438	298	687	168
−87	66	−29	74	379
28	433	923	186	−54
395	97	31	37	852
−123	28	−476	452	−98

암산으로 해 보세요.

1	2	3	4	5	6	7	8	9	10
39	67	29	76	94	87	19	43	92	58
73	43	36	68	68	73	52	68	13	49
47	−73	56	−46	31	−51	34	−54	26	−14
25	25	34	54	47	26	67	74	34	97

주판으로 해 보세요.

1	61 × 74 =
2	85 × 38 =
3	18 × 94 =
4	33 × 46 =
5	51 × 39 =
6	43 × 66 =
7	27 × 54 =
8	49 × 32 =
9	55 × 73 =
10	36 × 89 =
11	79 × 26 =
12	53 × 19 =
13	86 × 64 =
14	34 × 93 =
15	77 × 95 =

16	78 × 25 =
17	48 × 53 =
18	82 × 24 =
19	52 × 75 =
20	64 × 87 =
21	29 × 47 =
22	99 × 15 =
23	78 × 62 =
24	96 × 37 =
25	81 × 58 =
26	43 × 76 =
27	68 × 80 =
28	75 × 29 =
29	24 × 36 =
30	98 × 42 =

암산으로 해 보세요.

1	8576 × 2 =
2	1943 × 7 =
3	2848 × 4 =
4	9231 × 3 =
5	4175 × 9 =

6	4 × 1563 =
7	3 × 4736 =
8	5 × 7648 =
9	8 × 2654 =
10	9 × 7185 =

주판으로 해 보세요.

1	57 × 28 =
2	42 × 67 =
3	81 × 35 =
4	53 × 76 =
5	99 × 11 =
6	87 × 59 =
7	64 × 37 =
8	36 × 95 =
9	84 × 82 =
10	63 × 49 =
11	89 × 52 =
12	27 × 38 =
13	98 × 43 =
14	17 × 94 =
15	39 × 43 =

16	24 ÷ 2 =
17	99 ÷ 9 =
18	76 ÷ 4 =
19	84 ÷ 6 =
20	91 ÷ 7 =
21	32 ÷ 2 =
22	78 ÷ 6 =
23	51 ÷ 3 =
24	96 ÷ 8 =
25	56 ÷ 4 =
26	84 ÷ 6 =
27	65 ÷ 5 =
28	34 ÷ 2 =
29	80 ÷ 5 =
30	72 ÷ 3 =

암산으로 해 보세요.

1	7538 × 5 =
2	6215 × 8 =
3	4867 × 3 =
4	8699 × 2 =
5	2354 × 7 =

6	4 × 5962 =
7	9 × 1867 =
8	6 × 8532 =
9	5 × 9627 =
10	3 × 4298 =

암산으로 해 보세요.

1	9621 × 2 =
2	3264 × 9 =
3	8946 × 3 =
4	2948 × 6 =
5	3529 × 4 =
6	4823 × 7 =
7	6345 × 1 =
8	3497 × 5 =
9	8 × 7263 =
10	2 × 4939 =
11	6 × 2585 =
12	3 × 5318 =
13	5 × 1874 =
14	4 × 2697 =
15	2 × 9347 =

16	29 ÷ 3 =
17	19 ÷ 2 =
18	67 ÷ 8 =
19	78 ÷ 9 =
20	52 ÷ 7 =
21	20 ÷ 3 =
22	33 ÷ 6 =
23	45 ÷ 7 =
24	30 ÷ 4 =
25	29 ÷ 5 =
26	43 ÷ 8 =
27	15 ÷ 2 =
28	65 ÷ 9 =
29	17 ÷ 3 =
30	29 ÷ 6 =

1	2	3	4	5	6	7	8	9	10
37	42	83	72	94	75	93	46	27	54
29	31	42	39	67	−48	54	28	59	82
18	68	28	−64	29	64	27	−15	43	−78
47	−84	14	78	47	45	68	32	18	49

연산학습

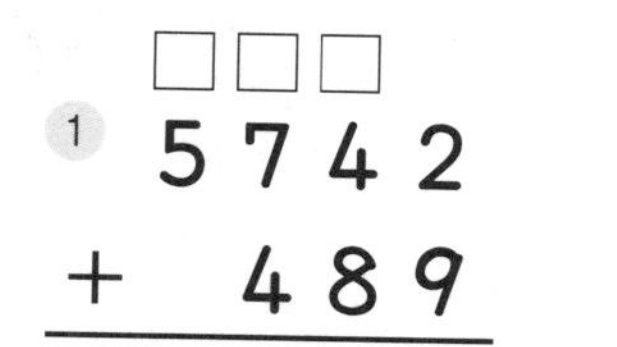

Q 1 계산을 하시오.

① $5742 + 489 =$ □□□

② $3946 + 277 =$ □□□

③ $8325 + 986 =$ □□□

④ $7528 + 693 =$ □□□

Q 2 계산을 하시오.

① $33 \times 30 =$

② $43 \times 20 =$

③ $12 \times 40 =$

④ $24 \times 30 =$

Q 3 계산을 하시오.

① $657 - 98 =$ □□□

② $324 - 86 =$ □□□

③ $713 - 45 =$ □□□

④ $438 - 49 =$ □□□

Q 4 빈 칸에 알맞은 수를 써넣으시오.

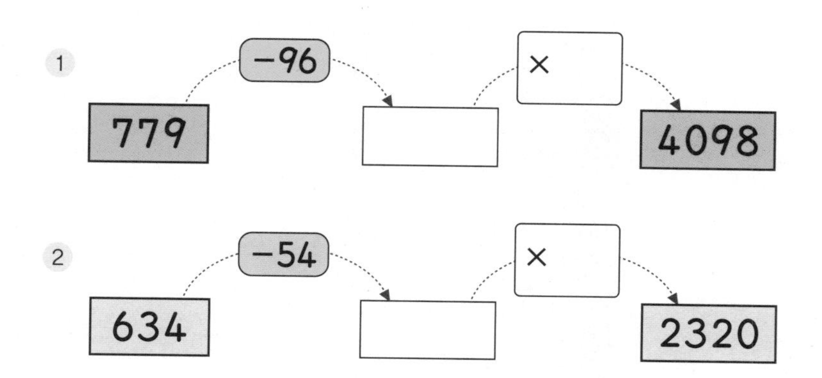

두 자리÷한 자리 (몫:두 자리 ··· 나머지)

주판으로 해 보세요.

1	97 ÷ 8 =
2	73 ÷ 2 =
3	69 ÷ 6 =
4	59 ÷ 3 =
5	78 ÷ 7 =
6	75 ÷ 4 =
7	63 ÷ 6 =
8	58 ÷ 4 =
9	86 ÷ 3 =
10	53 ÷ 2 =
11	98 ÷ 9 =
12	64 ÷ 5 =
13	86 ÷ 7 =
14	80 ÷ 3 =
15	92 ÷ 8 =

⑯ $5\overline{)78}$ ⑰ $2\overline{)47}$ ⑱ $3\overline{)56}$

⑲ $4\overline{)67}$ ⑳ $6\overline{)86}$ ㉑ $7\overline{)99}$

㉒ $2\overline{)57}$ ㉓ $3\overline{)67}$ ㉔ $5\overline{)89}$

㉕ $6\overline{)92}$ ㉖ $4\overline{)69}$ ㉗ $7\overline{)90}$

㉘ $5\overline{)93}$ ㉙ $3\overline{)91}$ ㉚ $2\overline{)83}$

암산으로 해 보세요.(몫:한자리 ··· 나머지)

1	57 ÷ 6 =
2	69 ÷ 8 =
3	13 ÷ 2 =
4	29 ÷ 4 =
5	16 ÷ 5 =

6	25 ÷ 6 =
7	20 ÷ 3 =
8	49 ÷ 5 =
9	73 ÷ 8 =
10	88 ÷ 9 =

주판으로 해 보세요.

1	2	3	4	5
249	827	78	96	437
713	-59	675	479	285
953	792	259	-172	84
586	-273	93	-39	97
64	79	48	752	348

6	7	8	9	10
715	482	83	629	53
-26	38	273	85	278
692	24	65	-278	647
814	645	94	57	64
-197	49	237	354	573

암산으로 해 보세요.

1	2	3	4	5	6	7	8	9	10
28	91	54	36	37	65	34	98	47	14
67	35	27	78	56	97	57	45	18	86
86	-84	34	-47	28	-19	24	-56	25	-31
54	53	29	54	84	57	16	37	37	48

★ 주판으로 해 보세요.

1	91 × 85 =
2	84 × 62 =
3	69 × 73 =
4	87 × 34 =
5	22 × 59 =
6	74 × 28 =
7	17 × 96 =
8	77 × 75 =
9	48 × 57 =
10	59 × 62 =
11	79 × 36 =
12	93 × 42 =
13	25 × 72 =
14	47 × 65 =
15	39 × 46 =

16	35 × 79 =
17	82 × 43 =
18	63 × 52 =
19	49 × 27 =
20	36 × 83 =
21	24 × 56 =
22	32 × 45 =
23	67 × 22 =
24	94 × 37 =
25	26 × 95 =
26	44 × 68 =
27	66 × 80 =
28	73 × 26 =
29	85 × 71 =
30	98 × 37 =

★ 암산으로 해 보세요.

1	5428 × 7 =
2	7532 × 8 =
3	9723 × 5 =
4	8952 × 4 =
5	3489 × 2 =

6	6 × 2475 =
7	3 × 9139 =
8	5 × 1763 =
9	9 × 6084 =
10	4 × 9637 =

주판으로 해 보세요.

1	2	3	4	5
84	569	72	487	672
767	94	659	58	29
826	−125	364	−124	298
58	23	43	38	34
679	−75	867	−69	692

6	7	8	9	10
938	63	745	56	625
64	784	327	638	−48
−95	65	−295	79	796
186	43	74	482	−39
−432	569	−138	19	483

암산으로 해 보세요.

1	2	3	4	5	6	7	8	9	10
42	46	49	35	41	51	84	23	56	32
58	25	75	87	69	64	39	94	98	99
39	−23	98	−69	48	−78	47	−35	61	−28
14	62	34	94	35	76	38	59	29	27
48	−56	45	−73	53	−47	93	−48	67	−86

주판으로 해 보세요.

1	61 × 74 =
2	85 × 38 =
3	17 × 94 =
4	33 × 46 =
5	51 × 39 =
6	43 × 66 =
7	27 × 54 =
8	49 × 32 =
9	55 × 73 =
10	36 × 89 =
11	79 × 26 =
12	53 × 19 =
13	86 × 64 =
14	34 × 93 =
15	77 × 95 =

16	78 × 25 =
17	48 × 53 =
18	82 × 24 =
19	52 × 75 =
20	64 × 87 =
21	29 × 47 =
22	99 × 15 =
23	78 × 62 =
24	96 × 37 =
25	81 × 58 =
26	43 × 76 =
27	68 × 80 =
28	75 × 29 =
29	24 × 36 =
30	98 × 42 =

암산으로 해 보세요.

1	8576 × 2 =
2	1943 × 7 =
3	2848 × 4 =
4	9231 × 3 =
5	4175 × 9 =

6	4 × 1563 =
7	3 × 4736 =
8	5 × 7648 =
9	8 × 2654 =
10	9 × 7185 =

주판으로 해 보세요.

1	91 × 85 =
2	84 × 62 =
3	69 × 73 =
4	87 × 34 =
5	22 × 59 =
6	74 × 28 =
7	17 × 96 =
8	77 × 75 =
9	48 × 57 =
10	59 × 62 =
11	79 × 36 =
12	93 × 42 =
13	25 × 72 =
14	47 × 65 =
15	39 × 46 =

몫:두자리 … 나머지

16	27 ÷ 2 =
17	94 ÷ 9 =
18	76 ÷ 3 =
19	87 ÷ 8 =
20	93 ÷ 7 =
21	88 ÷ 5 =
22	95 ÷ 4 =
23	57 ÷ 2 =
24	94 ÷ 6 =
25	81 ÷ 8 =
26	54 ÷ 4 =
27	33 ÷ 2 =
28	79 ÷ 5 =
29	49 ÷ 3 =
30	79 ÷ 6 =

암산으로 해 보세요.

1	5428 × 7 =
2	7532 × 8 =
3	9723 × 5 =
4	8952 × 4 =
5	3489 × 2 =

6	6 × 2475 =
7	3 × 9139 =
8	5 × 1763 =
9	9 × 6084 =
10	4 × 9637 =

암산으로 해 보세요.

1	6237 × 4 =
2	9562 × 6 =
3	7289 × 5 =
4	3742 × 7 =
5	6847 × 3 =
6	9657 × 2 =
7	1038 × 9 =
8	8725 × 1 =
9	8 × 5497 =
10	3 × 4328 =
11	2 × 2983 =
12	6 × 5432 =
13	7 × 3256 =
14	4 × 8325 =
15	5 × 4489 =

16	44 ÷ 2 =
17	84 ÷ 7 =
18	42 ÷ 3 =
19	99 ÷ 9 =
20	78 ÷ 6 =
21	91 ÷ 7 =
22	56 ÷ 4 =
23	60 ÷ 5 =
24	77 ÷ 7 =
25	24 ÷ 2 =
26	48 ÷ 4 =
27	54 ÷ 3 =
28	72 ÷ 6 =
29	88 ÷ 8 =
30	39 ÷ 3 =

1	2	3	4	5	6	7	8	9	10
72	98	59	54	17	26	38	47	62	84
53	34	71	78	65	95	24	98	53	92
48	−47	34	−16	96	−37	43	−57	36	−89
39	28	19	58	74	26	69	63	74	39
63	−35	43	−45	83	−74	53	−74	45	−57

응용학습

Q 1 계산을 하시오.

① $6745+489=$

② $2863+659=$

③ $5873+338=$

④ $4158+974=$

Q 2 계산을 하시오.

① $35 \times 60 =$

② $46 \times 30 =$

③ $94 \times 30 =$

④ $67 \times 20 =$

Q 3 계산을 하시오.

① $377-99=$

② $823-46=$

③ $516-69=$

④ $753-87=$

Q 4 빈 칸에 알맞은 수를 써넣으시오.

①
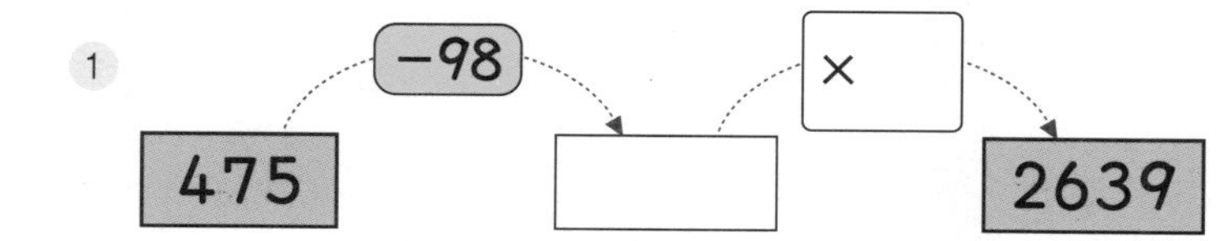

②
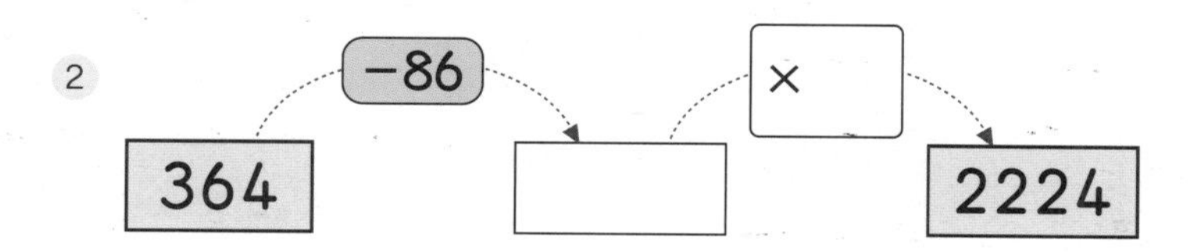

세 자리÷한 자리 (몫:두 자리)

 주판으로 해 보세요.

1	444 ÷ 6 =
2	776 ÷ 8 =
3	261 ÷ 3 =
4	609 ÷ 7 =
5	495 ÷ 5 =
6	280 ÷ 4 =
7	141 ÷ 3 =
8	174 ÷ 6 =
9	324 ÷ 9 =
10	260 ÷ 4 =
11	152 ÷ 2 =
12	470 ÷ 5 =
13	244 ÷ 4 =
14	266 ÷ 7 =
15	432 ÷ 6 =

16. $9\overline{)846}$
17. $3\overline{)132}$
18. $6\overline{)450}$
19. $6\overline{)204}$
20. $8\overline{)552}$
21. $5\overline{)430}$
22. $4\overline{)248}$
23. $7\overline{)168}$
24. $4\overline{)356}$
25. $9\overline{)126}$
26. $8\overline{)448}$
27. $4\overline{)296}$
28. $6\overline{)408}$
29. $9\overline{)612}$
30. $8\overline{)456}$

암산으로 해 보세요.

1	99 ÷ 9 =
2	36 ÷ 2 =
3	48 ÷ 3 =
4	96 ÷ 8 =
5	70 ÷ 7 =

6	63 ÷ 3 =
7	80 ÷ 8 =
8	65 ÷ 5 =
9	56 ÷ 4 =
10	28 ÷ 2 =

주판으로 해 보세요.

1	2	3	4	5
695	581	836	778	164
-41	19	-75	16	536
36	743	237	787	-88
-278	57	84	59	59
307	476	-582	647	765

6	7	8	9	10
847	537	756	328	593
-43	86	786	443	87
49	18	-56	68	-44
759	276	67	-52	749
-458	364	765	749	-68

암산으로 해 보세요.

1	2	3	4	5	6	7	8	9	10
51	62	42	93	27	35	94	47	38	61
93	-46	34	-47	56	74	31	-19	29	-32
27	29	58	78	60	-24	47	28	84	87
68	76	24	-95	43	88	63	-42	52	-52
47	-58	74	76	38	17	52	76	23	48

★ 암산으로 해 보세요.

1	5892 × 3 =
2	3962 × 4 =
3	4575 × 7 =
4	3248 × 8 =
5	5627 × 3 =
6	2891 × 7 =
7	7358 × 5 =
8	6418 × 7 =
9	1 × 3829 =
10	9 × 2138 =
11	4 × 7327 =
12	6 × 1628 =
13	2 × 3425 =
14	8 × 7428 =
15	6 × 1487 =

16	37 ÷ 9 =
17	55 ÷ 6 =
18	76 ÷ 8 =
19	43 ÷ 5 =
20	19 ÷ 2 =
21	46 ÷ 7 =
22	24 ÷ 9 =
23	22 ÷ 3 =
24	29 ÷ 5 =
25	13 ÷ 4 =
26	76 ÷ 9 =
27	16 ÷ 3 =
28	36 ÷ 7 =
29	22 ÷ 4 =
30	58 ÷ 8 =

1	2	3	4	5	6	7	8	9	10
71	45	36	50	43	51	52	61	29	87
42	87	28	48	27	92	39	87	45	59
24	−27	59	−32	68	−68	54	−59	67	−62
36	37	46	64	59	57	27	−43	82	34
39	−58	73	−19	21	−47	38	45	36	−29

주판으로 해 보세요.

1	68 × 59 =		11	156 ÷ 4 =
2	42 × 37 =		12	408 ÷ 8 =
3	54 × 29 =		13	581 ÷ 7 =
4	89 × 62 =		14	192 ÷ 3 =
5	73 × 45 =		15	140 ÷ 5 =
6	37 × 94 =		16	774 ÷ 9 =
7	26 × 76 =		17	166 ÷ 2 =
8	95 × 38 =		18	135 ÷ 3 =
9	48 × 65 =		19	282 ÷ 6 =
10	86 × 74 =		20	365 ÷ 5 =

암산으로 해 보세요.

1	6374 × 5 =		11	14 ÷ 4 =
2	4623 × 7 =		12	73 ÷ 8 =
3	3028 × 9 =		13	30 ÷ 9 =
4	8672 × 3 =		14	43 ÷ 7 =
5	4246 × 6 =		15	23 ÷ 5 =
6	2 × 7685 =		16	65 ÷ 8 =
7	4 × 2839 =		17	17 ÷ 2 =
8	8 × 3765 =		18	37 ÷ 6 =
9	2 × 8645 =		19	28 ÷ 3 =
10	9 × 5783 =		20	56 ÷ 6 =

종합 연습 문제

☆ 주판으로 해 보세요.

1	2	3	4	5
725	67	129	31	684
59	843	748	574	31
173	−81	53	−42	547
67	539	96	652	68
489	−974	578	−783	339

6	7	8	9	10
489	352	579	247	78
46	93	64	538	645
129	−148	723	−192	678
37	764	85	315	34
684	−243	354	−74	186

☆ 암산으로 해 보세요.

1	2	3	4	5	6	7	8	9	10
92	83	27	49	21	68	45	76	35	62
18	72	39	63	89	47	38	49	17	83
49	−61	65	−35	97	−36	29	−51	94	−74
74	42	94	28	33	25	53	67	57	45
68	−57	26	−79	68	−57	37	−48	29	−27

공부한 날
월
일

주판으로 해 보세요.

1	74 × 39 =
2	57 × 68 =
3	95 × 34 =
4	68 × 26 =
5	49 × 53 =
6	82 × 46 =
7	67 × 92 =
8	23 × 85 =
9	38 × 57 =
10	81 × 79 =

11	148 ÷ 4 =
12	392 ÷ 8 =
13	595 ÷ 7 =
14	237 ÷ 3 =
15	115 ÷ 5 =
16	738 ÷ 9 =
17	158 ÷ 2 =
18	144 ÷ 3 =
19	186 ÷ 6 =
20	330 ÷ 5 =

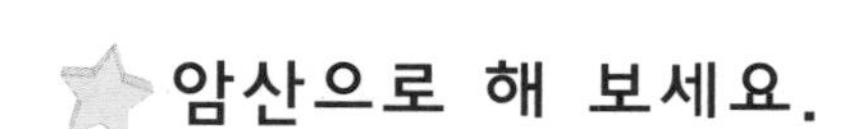

암산으로 해 보세요.

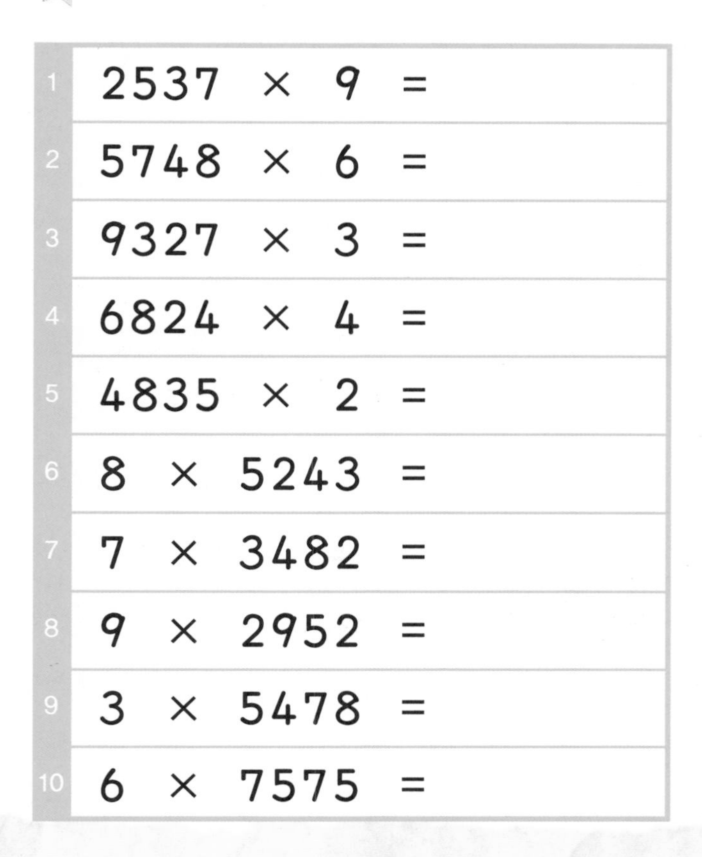

1	2537 × 9 =
2	5748 × 6 =
3	9327 × 3 =
4	6824 × 4 =
5	4835 × 2 =
6	8 × 5243 =
7	7 × 3482 =
8	9 × 2952 =
9	3 × 5478 =
10	6 × 7575 =

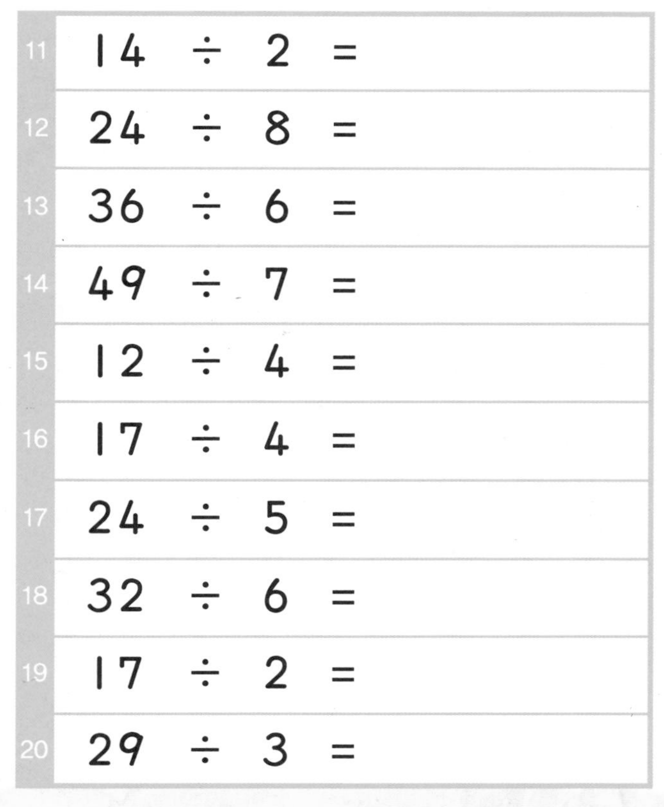

11	14 ÷ 2 =
12	24 ÷ 8 =
13	36 ÷ 6 =
14	49 ÷ 7 =
15	12 ÷ 4 =
16	17 ÷ 4 =
17	24 ÷ 5 =
18	32 ÷ 6 =
19	17 ÷ 2 =
20	29 ÷ 3 =

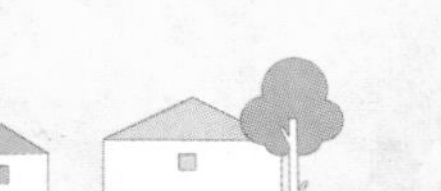

TEST

주판으로 해 보세요. 걸린시간 (분 초)

1	2	3	4	5
587	953	213	824	57
64	72	64	−58	396
495	−39	657	597	37
76	526	29	−649	123
683	−473	378	86	824

6	7	8	9	10
97	694	835	54	547
793	208	−61	721	−68
−98	79	764	196	792
423	534	−285	84	−306
−217	387	93	489	79

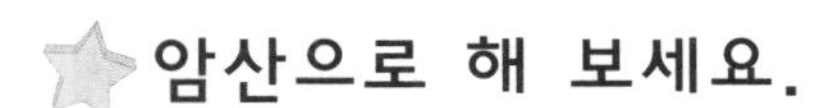

확인

암산으로 해 보세요. 걸린시간 (분 초)

1	2	3	4	5	6	7	8	9	10
48	81	75	64	84	36	76	69	97	74
85	35	47	39	23	18	32	93	17	36
39	−52	68	−47	95	−27	85	−74	46	−85
74	79	59	96	39	94	63	36	25	98
35	−27	37	−59	24	−19	19	−85	49	−29

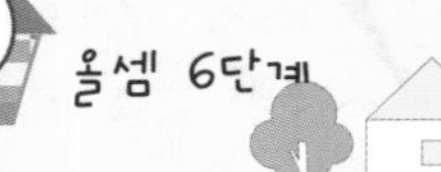

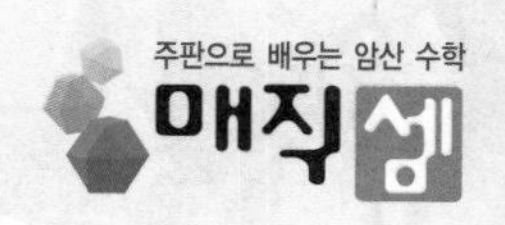

주판으로 해 보세요.

걸린시간 (　　분　　초)

1	89 × 73 =
2	35 × 48 =
3	28 × 65 =
4	72 × 34 =
5	57 × 82 =
6	93 × 28 =
7	46 × 59 =
8	78 × 42 =
9	19 × 86 =
10	32 × 98 =

11	495 ÷ 5 =
12	234 ÷ 3 =
13	448 ÷ 8 =
14	292 ÷ 4 =
15	204 ÷ 6 =
16	132 ÷ 2 =
17	760 ÷ 8 =
18	837 ÷ 9 =
19	511 ÷ 7 =
20	425 ÷ 5 =

암산으로 해 보세요.

걸린시간 (　　분　　초)

1	2963 × 7 =
2	4894 × 3 =
3	9534 × 4 =
4	5389 × 2 =
5	6257 × 8 =
6	9 × 1963 =
7	6 × 6505 =
8	5 × 7681 =
9	7 × 3284 =
10	3 × 8946 =

11	15 ÷ 3 =
12	35 ÷ 5 =
13	63 ÷ 9 =
14	56 ÷ 7 =
15	21 ÷ 3 =
16	44 ÷ 8 =
17	73 ÷ 9 =
18	52 ÷ 7 =
19	46 ÷ 8 =
20	11 ÷ 2 =

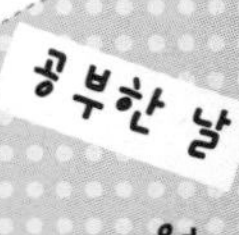

월

일

EQ 올셈 6단계 정답

P.4 ① 1944 ② 1708 ③ 2597 ④ 2924 ⑤ 6142 ⑥ 2528 ⑦ 3192 ⑧ 3818 ⑨ 1885 ⑩ 2660 ⑪ 1595 ⑫ 3480 ⑬ 2418 ⑭ 5429 ⑮ 1185 ⑯ 705 ⑰ 884 ⑱ 4700 ⑲ 2975 ⑳ 874 ㉑ 1653 ㉒ 2686 ㉓ 1710 ㉔ 4144 ㉕ 5166 ㉖ 3519 ㉗ 3906 ㉘ 2664 ㉙ 1932 ㉚ 2368

P.5 ① 507 ② 351 ③ 136 ④ 242 ⑤ 343 ⑥ 923 ⑦ 445 ⑧ 265 ⑨ 636 ⑩ 459
① 106 ② 112 ③ 125 ④ 81 ⑤ 111 ⑥ 140 ⑦ 85 ⑧ 135 ⑨ 131 ⑩ 88

P.6 ① 2100 ② 2418 ③ 5175 ④ 4964 ⑤ 2548 ⑥ 1728 ⑦ 1961 ⑧ 2560 ⑨ 5170 ⑩ 2668 ⑪ 2059 ⑫ 1890 ⑬ 3948 ⑭ 2997 ⑮ 768 ⑯ 1617 ⑰ 4320 ⑱ 1512 ⑲ 2072 ⑳ 3510 ㉑ 1917 ㉒ 3534 ㉓ 2714 ㉔ 3504 ㉕ 3182 ㉖ 3762 ㉗ 1008 ㉘ 2584 ㉙ 6348 ㉚ 4611
① 1614 ② 2245 ③ 1586 ④ 2674 ⑤ 5535 ⑥ 5652 ⑦ 3428 ⑧ 1408 ⑨ 2466 ⑩ 1840

P.7 ① 559 ② 845 ③ 295 ④ 503 ⑤ 724 ⑥ 894 ⑦ 370 ⑧ 228 ⑨ 571 ⑩ 164 ① 134 ② 111 ③ 92 ④ 97 ⑤ 115 ⑥ 141 ⑦ 143 ⑧ 83 ⑨ 112 ⑩ 121

P.8 ① 5063 ② 4350 ③ 4067 ④ 868 ⑤ 4558 ⑥ 4928 ⑦ 4656 ⑧ 2520 ⑨ 5200 ⑩ 938 ⑪ 4233 ⑫ 3318 ⑬ 1218 ⑭ 3648 ⑮ 1230 ⑯ 3741 ⑰ 4836 ⑱ 2025 ⑲ 6882 ⑳ 6142 ㉑ 1134 ㉒ 2584 ㉓ 730 ㉔ 1131 ㉕ 3328 ㉖ 1634 ㉗ 3395 ㉘ 4212 ㉙ 1785 ㉚ 1458
① 2996 ② 2112 ③ 2252 ④ 2583 ⑤ 1678 ⑥ 2380 ⑦ 1707 ⑧ 6545 ⑨ 5984 ⑩ 2304

P.9 ① 229 ② 221 ③ 315 ④ 671 ⑤ 547 ⑥ 511 ⑦ 497 ⑧ 375 ⑨ 796 ⑩ 762 ① 112 ② 66 ③ 115 ④ 75 ⑤ 141 ⑥ 206 ⑦ 95 ⑧ 104 ⑨ 131 ⑩ 78

P.10 ① 151 ② 69 ③ 112 ④ 112 ⑤ 86 ⑥ 55 ⑦ 143 ⑧ 132 ⑨ 135 ⑩ 62
① 1168 ② 2934 ③ 2025 ④ 5376 ⑤ 2745 ⑥ 1134 ⑦ 1911 ⑧ 7712 ⑨ 2380 ⑩ 2748 ⑪ 1438 ⑫ 1770 ⑬ 3768 ⑭ 837 ⑮ 888 ⑯ 1047 ⑰ 3282 ⑱ 926 ⑲ 5792 ⑳ 2260 ㉑ 889 ㉒ 1194 ㉓ 4730 ㉔ 5872 ㉕ 1158 ㉖ 5913 ㉗ 1110 ㉘ 2944 ㉙ 1398 ㉚ 5971

P.11 1 ① [1], [1], 762 ② [1], [1], 743 ③ [1], [1], 932 ④ [1], [1], 503
2 ① [2], [3], [2], 9408 ② [2], [2], 18244 ③ [2], [1], 8652 ④ [1], [2], 22287
3 ① [5], [10], 594 ② [1], [10], 172 ③ [8], [10], 873 ④ [2], [10], 273
4 ① 18, 36, 36, 18 ② 19, 63, 63, 19

P.12 ① 1598 ② 2958 ③ 868 ④ 2665 ⑤ 2700 ⑥ 4214 ⑦ 2310 ⑧ 7614 ⑨ 6424 ⑩ 408 ⑪ 990 ⑫ 2294 ⑬ 1634 ⑭ 702 ⑮ 3150 ⑯ 5880 ⑰ 1260 ⑱ 1898 ⑲ 688 ⑳ 320 ㉑ 4452 ㉒ 5166 ㉓ 2366 ㉔ 4544 ㉕ 3818 ㉖ 1904 ㉗ 2961 ㉘ 4810 ㉙ 2450 ㉚ 4698
① 2754 ② 3205 ③ 544 ④ 3661 ⑤ 4554 ⑥ 7281 ⑦ 1468 ⑧ 2120 ⑨ 1041 ⑩ 3210

P.13 ① 409 ② 392 ③ 776 ④ 773 ⑤ 578 ⑥ 629 ⑦ 301 ⑧ 503 ⑨ 203 ⑩ 327 ① 113 ② 78 ③ 131 ④ 141 ⑤ 87 ⑥ 115 ⑦ 118 ⑧ 94 ⑨ 108 ⑩ 86

P.14 ① 2240 ② 2835 ③ 936 ④ 1755 ⑤ 2988 ⑥ 3136 ⑦ 1426 ⑧ 5056 ⑨ 665 ⑩ 1920 ⑪ 1363 ⑫ 912 ⑬ 2660 ⑭ 3328 ⑮ 1782 ⑯ 1376 ⑰ 1330 ⑱ 2277 ⑲ 1836 ⑳ 5628 ㉑ 3944 ㉒ 1176 ㉓ 2898 ㉔ 4758 ㉕ 6840 ㉖ 2210 ㉗ 1288 ㉘ 275 ㉙ 2205 ㉚ 962
① 2760 ② 2583 ③ 3204 ④ 2355 ⑤ 1892 ⑥ 712 ⑦ 3680 ⑧ 7353 ⑨ 3804 ⑩ 4664

P.15 ① 1017 ② 605 ③ 1294 ④ 1362 ⑤ 1046 ⑥ 579 ⑦ 687 ⑧ 1114 ⑨ 1015 ⑩ 803
① 205 ② 116 ③ 182 ④ 161 ⑤ 144 ⑥ 142 ⑦ 183 ⑧ 130 ⑨ 220 ⑩ 166

P.16 ① 4575 ② 2030 ③ 1974 ④ 3150 ⑤ 2074 ⑥ 3584 ⑦ 1027 ⑧ 6272 ⑨ 2325 ⑩ 3128 ⑪ 1638 ⑫ 3432 ⑬ 3735 ⑭ 2880 ⑮ 1005 ⑯ 2576 ⑰ 3104 ⑱ 1001 ⑲ 588 ⑳ 432 ㉑ 4340 ㉒ 1184 ㉓ 4692 ㉔ 1204 ㉕ 1232 ㉖ 3024 ㉗ 1152 ㉘ 735 ㉙ 6192 ㉚ 2632
① 1585 ② 2034 ③ 2754 ④ 3868 ⑤ 3584 ⑥ 3186 ⑦ 590 ⑧ 2944 ⑨ 1204 ⑩ 3175

P.17 ① 777 ② 564 ③ 1104 ④ 816 ⑤ 1156 ⑥ 492 ⑦ 1022 ⑧ 438 ⑨ 769 ⑩ 610 ① 161 ② 177 ③ 220 ④ 115 ⑤ 155 ⑥ 107 ⑦ 165 ⑧ 122 ⑨ 130 ⑩ 124

P.18 ① 150 ② 112 ③ 110 ④ 119 ⑤ 93 ⑥ 115 ⑦ 112 ⑧ 53 ⑨ 130 ⑩ 114
① 2640 ② 768 ③ 3324 ④ 3843 ⑤ 2934 ⑥ 3276 ⑦ 318 ⑧ 0 ⑨ 2844 ⑩ 2936 ⑪ 324 ⑫ 1436 ⑬ 2395 ⑭ 3222 ⑮ 966 ⑯ 926 ⑰ 2896 ⑱ 1096 ⑲ 3580 ⑳ 861

P.18 21 5247　22 3824　23 2418　24 1076　25 4844
26 3745　27 1008　28 5157　29 888　30 636

P.19 1 ① [1], [1], 923 ② [1], [1], 803 ③ [1], [1], 776 ④ [1], [1], 840
2 ① [1], 8764 ② [1], [1], 9564 ③ [2], [1], [2], 6548
④ [5], [2], [3], 23676
3 ① [3], [10], 371 ② [4], [10], 472 ③ [2], [10], 262 ④ [8], [10], 843
4 ① 15, 29, 29, 15 ② 23, 47, 47, 23

P.20 1 3648　2 1350　3 945　4 1128　5 5264
6 1380　7 2628　8 4080　9 4628　10 1794
11 2457　12 5002　13 3696　14 1292　15 3078
16 1316　17 1395　18 1410　19 840　20 8232
21 420　22 3145　23 6231　24 1185　25 2214
26 4368　27 3255　28 858　29 4134　30 7820
1 680　2 3311　3 1206　4 6936　5 1928
6 1683　7 1016　8 2958　9 1400　10 5775

P.21 1 850　2 331　3 1436　4 597　5 1055
6 515　7 1004　8 649　9 1161　10 813
1 131　2 193　3 135　4 73　5 141
6 109　7 113　8 166　9 121　10 144

P.22 1 1625　2 4374　3 2925　4 2562　5 4332
6 4182　7 4410　8 5734　9 896　10 3016
11 1608　12 2414　13 880　14 1400　15 5394
16 8134　17 5244　18 2520　19 5005　20 2812
21 8019　22 5032　23 1166　24 1260　25 2295
26 1080　27 2850　28 3648　29 1062　30 1020
1 1712　2 6138　3 888　4 1148　5 3780
6 2244　7 1476　8 2674　9 4905　10 5784

P.23 1 1155　2 651　3 800　4 1078　5 1050
6 671　7 1265　8 369　9 1265　10 764
1 173　2 194　3 163　4 140　5 142
6 205　7 121　8 147　9 77　10 202

P.24 1 4680　2 510　3 1638　4 735　5 483
6 4704　7 920　8 4074　9 3312　10 901
11 3159　12 2585　13 2050　14 2262　15 6364
16 2044　17 630　18 2232　19 1960　20 5236
21 3268　22 5880　23 456　24 1127　25 372
26 6825　27 2646　28 3538　29 4028　30 1056
1 1425　2 1264　3 5247　4 1452　5 4355
6 5598　7 3808　8 4403　9 801　10 5872

P.25 1 1405　2 495　3 996　4 1005　5 1290
6 741　7 1035　8 1111　9 1010　10 492
1 131　2 144　3 125　4 161　5 151
6 104　7 164　8 144　9 190　10 81

P.26 1 130　2 114　3 112　4 119　5 133
6 114　7 118　8 82　9 129　10 53
1 6349　2 1134　3 462　4 1156　5 7659

P.26 6 1614　7 2145　8 745　9 1638　10 1068
11 927　12 3465　13 6419　14 1016　15 2856
16 2272　17 2268　18 2952　19 1839　20 546
21 0　22 1458　23 3542　24 3225　25 2826
26 4314　27 2144　28 3824　29 2082　30 990

P.27 1 ① [1], [1], 7835 ② [1], [1], 4752 ③ [1], [1], [1], 6444
④ [1], [1], [1], 7733
2 ① [1], [3], [1], 21860 ② [1], [1], 19342
③ [1], [1], [3], 43505 ④ [2], [6], [3], 34272
3 ① [1], [10], 194 ② [2], [10], 252 ③ [7], [10], 767 ④ [3], [10], 332
4 ① 50, 29 ② 7, 39 ③ 19, 70

P.28 1 6　2 3　3 5　4 4　5 4
6 5　7 5　8 6　9 7　10 3
11 6　12 1　13 9　14 5　15 4
16 3　17 5　18 6　19 7　20 9
21 1　22 8　23 3　24 9　25 7
26 2　27 7　28 2　29 7　30 7
1 9658　2 57138　3 24822　4 22645　5 23356
6 36696　7 12992　8 47889　9 19124　10 24627

P.29 1 1863　2 808　3 1417　4 807　5 1965
6 991　7 1383　8 1500　9 2082　10 1209
1 181　2 64　3 161　4 171　5 161
6 206　7 185　8 104　9 215　10 142

P.30 1 5005　2 6557　3 2444　4 780　5 1548
6 1475　7 1332　8 2592　9 5141　10 888
11 4214　12 2475　13 4698　14 3906　15 3648
16 5780　17 3060　18 2184　19 3744　20 3712
21 3450　22 2117　23 2001　24 798　25 5950
26 936　27 3234　28 5986　29 3024　30 2660
1 9657　2 8648　3 8848　4 9905　5 9880
6 6675　7 7278　8 9288　9 6284　10 6972

P.31 1 1267　2 336　3 635　4 215　5 1115
6 615　7 991　8 422　9 949　10 991
1 145　2 107　3 131　4 195　5 181
6 154　7 152　8 152　9 183　10 174

P.32 1 3486　2 2775　3 3894　4 1302　5 2736
6 4662　7 2470　8 5964　9 3360　10 1656
11 1363　12 4930　13 2790　14 6603　15 748
16 2065　17 846　18 1752　19 3055　20 1764
21 630　22 3654　23 5044　24 1715　25 3182
26 3402　27 2407　28 3230　29 1653　30 2496
1 27939　2 28861　3 82080　4 16896　5 42150
6 32184　7 10496　8 26365　9 12219　10 25296

P.33 1 1404　2 1862　3 5106　4 1476　5 1161
6 3237　7 3312　8 432　9 1764　10 2088
11 990　12 3588　13 1200　14 5628　15 1380
16 4745　17 2150　18 2576　19 3813　20 3534

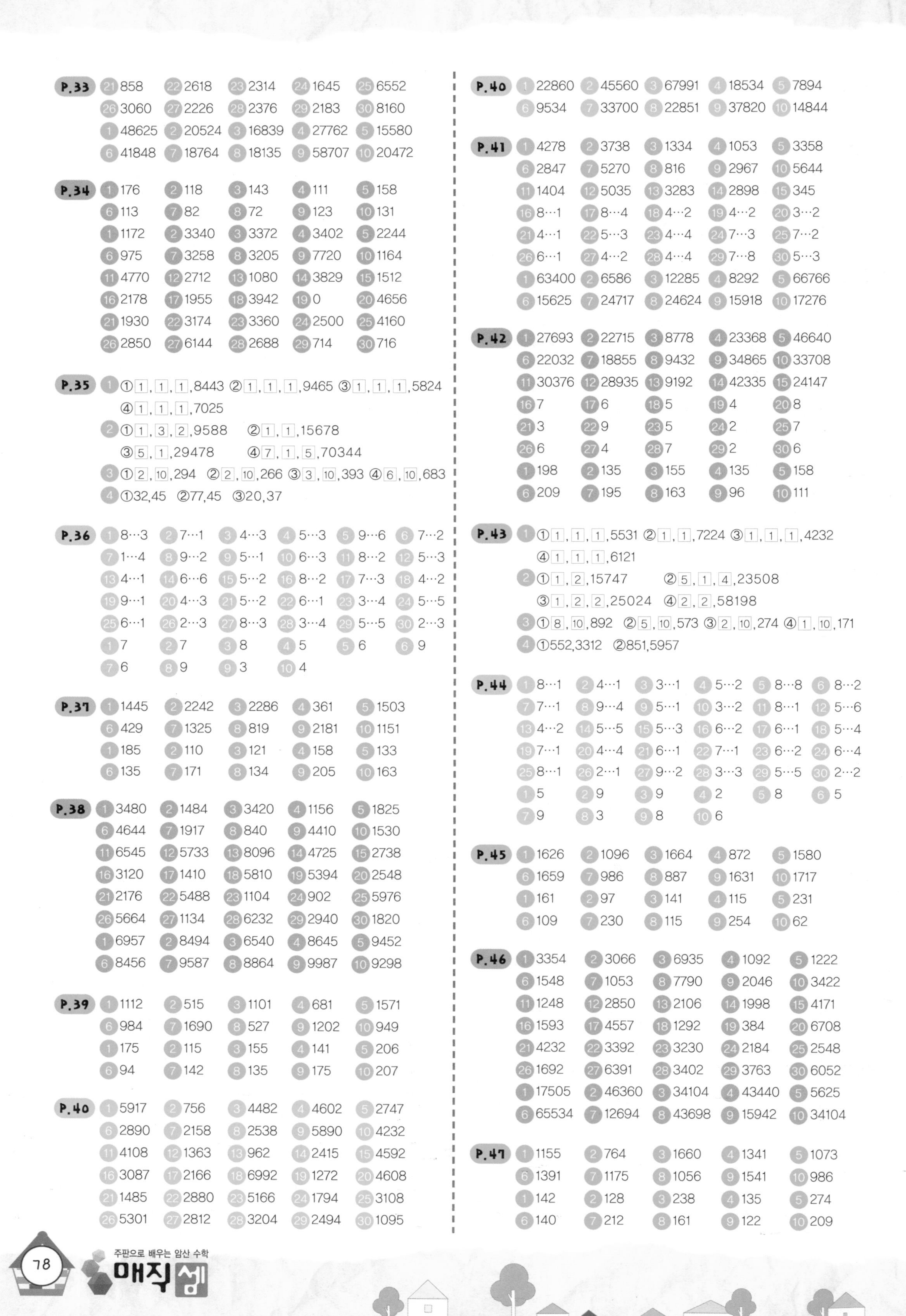

P.33 ㉑ 858 ㉒ 2618 ㉓ 2314 ㉔ 1645 ㉕ 6552
㉖ 3060 ㉗ 2226 ㉘ 2376 ㉙ 2183 ㉚ 8160
① 48625 ② 20524 ③ 16839 ④ 27762 ⑤ 15580
⑥ 41848 ⑦ 18764 ⑧ 18135 ⑨ 58707 ⑩ 20472

P.34 ① 176 ② 118 ③ 143 ④ 111 ⑤ 158
⑥ 113 ⑦ 82 ⑧ 72 ⑨ 123 ⑩ 131
① 1172 ② 3340 ③ 3372 ④ 3402 ⑤ 2244
⑥ 975 ⑦ 3258 ⑧ 3205 ⑨ 7720 ⑩ 1164
⑪ 4770 ⑫ 2712 ⑬ 1080 ⑭ 3829 ⑮ 1512
⑯ 2178 ⑰ 1955 ⑱ 3942 ⑲ 0 ⑳ 4656
㉑ 1930 ㉒ 3174 ㉓ 3360 ㉔ 2500 ㉕ 4160
㉖ 2850 ㉗ 6144 ㉘ 2688 ㉙ 714 ㉚ 716

P.35 ① ①[1], [1], [1], 8443 ②[1], [1], [1], 9465 ③[1], [1], [1], 5824
④[1], [1], [1], 7025
② ①[1], [3], [2], 9588 ②[1], [1], 15678
③[5], [1], 29478 ④[7], [1], [5], 70344
③ ①[2], [10], 294 ②[2], [10], 266 ③[3], [10], 393 ④[6], [10], 683
④ ①32, 45 ②77, 45 ③20, 37

P.36 ① 8…3 ② 7…1 ③ 4…3 ④ 5…3 ⑤ 9…6 ⑥ 7…2
⑦ 1…4 ⑧ 9…2 ⑨ 5…1 ⑩ 6…3 ⑪ 8…2 ⑫ 5…3
⑬ 4…1 ⑭ 6…6 ⑮ 5…2 ⑯ 8…2 ⑰ 7…3 ⑱ 4…2
⑲ 9…1 ⑳ 4…3 ㉑ 5…2 ㉒ 6…1 ㉓ 3…4 ㉔ 5…5
㉕ 6…1 ㉖ 2…3 ㉗ 8…3 ㉘ 3…4 ㉙ 5…5 ㉚ 2…3
① 7 ② 7 ③ 8 ④ 5 ⑤ 6 ⑥ 9
⑦ 6 ⑧ 9 ⑨ 3 ⑩ 4

P.37 ① 1445 ② 2242 ③ 2286 ④ 361 ⑤ 1503
⑥ 429 ⑦ 1325 ⑧ 819 ⑨ 2181 ⑩ 1151
① 185 ② 110 ③ 121 ④ 158 ⑤ 133
⑥ 135 ⑦ 171 ⑧ 134 ⑨ 205 ⑩ 163

P.38 ① 3480 ② 1484 ③ 3420 ④ 1156 ⑤ 1825
⑥ 4644 ⑦ 1917 ⑧ 840 ⑨ 4410 ⑩ 1530
⑪ 6545 ⑫ 5733 ⑬ 8096 ⑭ 4725 ⑮ 2738
⑯ 3120 ⑰ 1410 ⑱ 5810 ⑲ 5394 ⑳ 2548
㉑ 2176 ㉒ 5488 ㉓ 1104 ㉔ 902 ㉕ 5976
㉖ 5664 ㉗ 1134 ㉘ 6232 ㉙ 2940 ㉚ 1820
① 6957 ② 8494 ③ 6540 ④ 8645 ⑤ 9452
⑥ 8456 ⑦ 9587 ⑧ 8864 ⑨ 9987 ⑩ 9298

P.39 ① 1112 ② 515 ③ 1101 ④ 681 ⑤ 1571
⑥ 984 ⑦ 1690 ⑧ 527 ⑨ 1202 ⑩ 949
① 175 ② 115 ③ 155 ④ 141 ⑤ 206
⑥ 94 ⑦ 142 ⑧ 135 ⑨ 175 ⑩ 207

P.40 ① 5917 ② 756 ③ 4482 ④ 4602 ⑤ 2747
⑥ 2890 ⑦ 2158 ⑧ 2538 ⑨ 5890 ⑩ 4232
⑪ 4108 ⑫ 1363 ⑬ 962 ⑭ 2415 ⑮ 4592
⑯ 3087 ⑰ 2166 ⑱ 6992 ⑲ 1272 ⑳ 4608
㉑ 1485 ㉒ 2880 ㉓ 5166 ㉔ 1794 ㉕ 3108
㉖ 5301 ㉗ 2812 ㉘ 3204 ㉙ 2494 ㉚ 1095

P.40 ① 22860 ② 45560 ③ 67991 ④ 18534 ⑤ 7894
⑥ 9534 ⑦ 33700 ⑧ 22851 ⑨ 37820 ⑩ 14844

P.41 ① 4278 ② 3738 ③ 1334 ④ 1053 ⑤ 3358
⑥ 2847 ⑦ 5270 ⑧ 816 ⑨ 2967 ⑩ 5644
⑪ 1404 ⑫ 5035 ⑬ 3283 ⑭ 2898 ⑮ 345
⑯ 8…1 ⑰ 8…4 ⑱ 4…2 ⑲ 4…2 ⑳ 3…2
㉑ 4…1 ㉒ 5…3 ㉓ 4…4 ㉔ 7…3 ㉕ 7…2
㉖ 6…1 ㉗ 4…2 ㉘ 4…4 ㉙ 7…8 ㉚ 5…3
① 63400 ② 6586 ③ 12285 ④ 8292 ⑤ 66766
⑥ 15625 ⑦ 24717 ⑧ 24624 ⑨ 15918 ⑩ 17276

P.42 ① 27693 ② 22715 ③ 8778 ④ 23368 ⑤ 46640
⑥ 22032 ⑦ 18855 ⑧ 9432 ⑨ 34865 ⑩ 33708
⑪ 30376 ⑫ 28935 ⑬ 9192 ⑭ 42335 ⑮ 24147
⑯ 7 ⑰ 6 ⑱ 5 ⑲ 4 ⑳ 8
㉑ 3 ㉒ 9 ㉓ 5 ㉔ 2 ㉕ 7
㉖ 6 ㉗ 4 ㉘ 7 ㉙ 2 ㉚ 6
① 198 ② 135 ③ 155 ④ 135 ⑤ 158
⑥ 209 ⑦ 195 ⑧ 163 ⑨ 96 ⑩ 111

P.43 ① ①[1], [1], [1], 5531 ②[1], [1], 7224 ③[1], [1], [1], 4232
④[1], [1], [1], 6121
② ①[1], [2], 15747 ②[5], [1], [4], 23508
③[1], [2], [2], 25024 ④[2], [2], 58198
③ ①[8], [10], 892 ②[5], [10], 573 ③[2], [10], 274 ④[1], [10], 171
④ ①552, 3312 ②851, 5957

P.44 ① 8…1 ② 4…1 ③ 3…1 ④ 5…2 ⑤ 8…8 ⑥ 8…2
⑦ 7…1 ⑧ 9…4 ⑨ 5…1 ⑩ 3…2 ⑪ 8…1 ⑫ 5…6
⑬ 4…2 ⑭ 5…5 ⑮ 5…3 ⑯ 6…2 ⑰ 6…1 ⑱ 5…4
⑲ 7…1 ⑳ 4…4 ㉑ 6…1 ㉒ 7…1 ㉓ 6…2 ㉔ 6…4
㉕ 8…1 ㉖ 2…1 ㉗ 9…2 ㉘ 3…3 ㉙ 5…5 ㉚ 2…2
① 5 ② 9 ③ 9 ④ 2 ⑤ 8 ⑥ 5
⑦ 9 ⑧ 3 ⑨ 8 ⑩ 6

P.45 ① 1626 ② 1096 ③ 1664 ④ 872 ⑤ 1580
⑥ 1659 ⑦ 986 ⑧ 887 ⑨ 1631 ⑩ 1717
① 161 ② 97 ③ 141 ④ 115 ⑤ 231
⑥ 109 ⑦ 230 ⑧ 115 ⑨ 254 ⑩ 62

P.46 ① 3354 ② 3066 ③ 6935 ④ 1092 ⑤ 1222
⑥ 1548 ⑦ 1053 ⑧ 7790 ⑨ 2046 ⑩ 3422
⑪ 1248 ⑫ 2850 ⑬ 2106 ⑭ 1998 ⑮ 4171
⑯ 1593 ⑰ 4557 ⑱ 1292 ⑲ 384 ⑳ 6708
㉑ 4232 ㉒ 3392 ㉓ 3230 ㉔ 2184 ㉕ 2548
㉖ 1692 ㉗ 6391 ㉘ 3402 ㉙ 3763 ㉚ 6052
① 17505 ② 46360 ③ 34104 ④ 43440 ⑤ 5625
⑥ 65534 ⑦ 12694 ⑧ 43698 ⑨ 15942 ⑩ 34104

P.47 ① 1155 ② 764 ③ 1660 ④ 1341 ⑤ 1073
⑥ 1391 ⑦ 1175 ⑧ 1056 ⑨ 1541 ⑩ 986
① 142 ② 128 ③ 238 ④ 135 ⑤ 274
⑥ 140 ⑦ 212 ⑧ 161 ⑨ 122 ⑩ 209

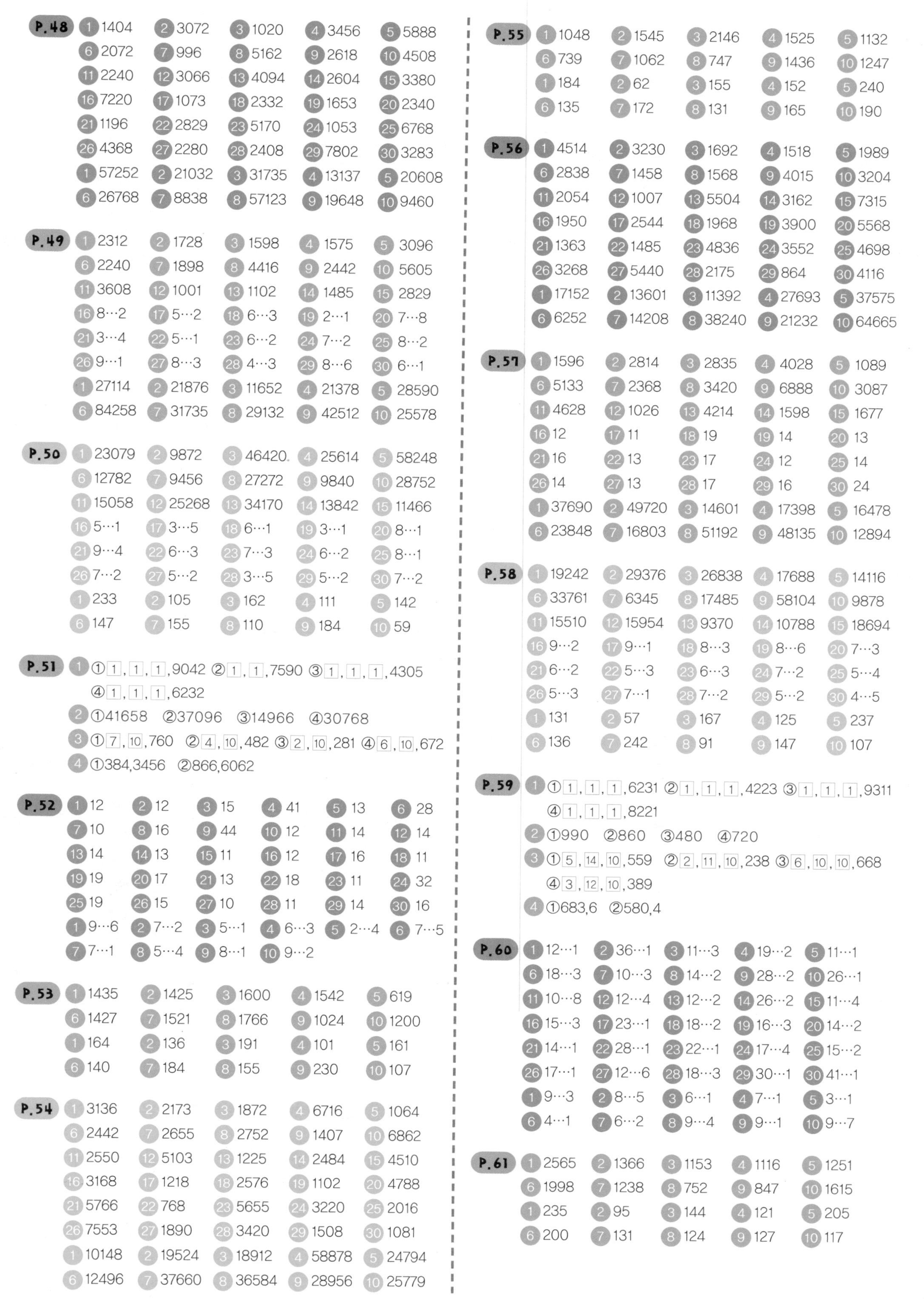
P.48 ① 1404 ② 3072 ③ 1020 ④ 3456 ⑤ 5888
⑥ 2072 ⑦ 996 ⑧ 5162 ⑨ 2618 ⑩ 4508
⑪ 2240 ⑫ 3066 ⑬ 4094 ⑭ 2604 ⑮ 3380
⑯ 7220 ⑰ 1073 ⑱ 2332 ⑲ 1653 ⑳ 2340
㉑ 1196 ㉒ 2829 ㉓ 5170 ㉔ 1053 ㉕ 6768
㉖ 4368 ㉗ 2280 ㉘ 2408 ㉙ 7802 ㉚ 3283
① 57252 ② 21032 ③ 31735 ④ 13137 ⑤ 20608
⑥ 26768 ⑦ 8838 ⑧ 57123 ⑨ 19648 ⑩ 9460

P.49 ① 2312 ② 1728 ③ 1598 ④ 1575 ⑤ 3096
⑥ 2240 ⑦ 1898 ⑧ 4416 ⑨ 2442 ⑩ 5605
⑪ 3608 ⑫ 1001 ⑬ 1102 ⑭ 1485 ⑮ 2829
⑯ 8…2 ⑰ 5…2 ⑱ 6…3 ⑲ 2…1 ⑳ 7…8
㉑ 3…4 ㉒ 5…1 ㉓ 6…2 ㉔ 7…2 ㉕ 8…2
㉖ 9…1 ㉗ 8…3 ㉘ 4…3 ㉙ 8…6 ㉚ 6…1
① 27114 ② 21876 ③ 11652 ④ 21378 ⑤ 28590
⑥ 84258 ⑦ 31735 ⑧ 29132 ⑨ 42512 ⑩ 25578

P.50 ① 23079 ② 9872 ③ 46420. ④ 25614 ⑤ 58248
⑥ 12782 ⑦ 9456 ⑧ 27272 ⑨ 9840 ⑩ 28752
⑪ 15058 ⑫ 25268 ⑬ 34170 ⑭ 13842 ⑮ 11466
⑯ 5…1 ⑰ 3…5 ⑱ 6…1 ⑲ 3…1 ⑳ 8…1
㉑ 9…4 ㉒ 6…3 ㉓ 7…3 ㉔ 6…2 ㉕ 8…1
㉖ 7…2 ㉗ 5…2 ㉘ 3…5 ㉙ 5…2 ㉚ 7…2
① 233 ② 105 ③ 162 ④ 111 ⑤ 142
⑥ 147 ⑦ 155 ⑧ 110 ⑨ 184 ⑩ 59

P.51 ① ①[1],[1],[1],9042 ②[1],[1],7590 ③[1],[1],[1],4305
④[1],[1],[1],6232
② ①41658 ②37096 ③14966 ④30768
③ ①[7],[10],760 ②[4],[10],482 ③[2],[10],281 ④[6],[10],672
④ ①384,3456 ②866,6062

P.52 ① 12 ② 12 ③ 15 ④ 41 ⑤ 13 ⑥ 28
⑦ 10 ⑧ 16 ⑨ 44 ⑩ 12 ⑪ 14 ⑫ 14
⑬ 14 ⑭ 13 ⑮ 11 ⑯ 12 ⑰ 16 ⑱ 11
⑲ 19 ⑳ 17 ㉑ 13 ㉒ 18 ㉓ 11 ㉔ 32
㉕ 19 ㉖ 15 ㉗ 10 ㉘ 11 ㉙ 14 ㉚ 16
① 9…6 ② 7…2 ③ 5…1 ④ 6…3 ⑤ 2…4 ⑥ 7…5
⑦ 7…1 ⑧ 5…4 ⑨ 8…1 ⑩ 9…2

P.53 ① 1435 ② 1425 ③ 1600 ④ 1542 ⑤ 619
⑥ 1427 ⑦ 1521 ⑧ 1766 ⑨ 1024 ⑩ 1200
① 164 ② 136 ③ 191 ④ 101 ⑤ 161
⑥ 140 ⑦ 184 ⑧ 155 ⑨ 230 ⑩ 107

P.54 ① 3136 ② 2173 ③ 1872 ④ 6716 ⑤ 1064
⑥ 2442 ⑦ 2655 ⑧ 2752 ⑨ 1407 ⑩ 6862
⑪ 2550 ⑫ 5103 ⑬ 1225 ⑭ 2484 ⑮ 4510
⑯ 3168 ⑰ 1218 ⑱ 2576 ⑲ 1102 ⑳ 4788
㉑ 5766 ㉒ 768 ㉓ 5655 ㉔ 3220 ㉕ 2016
㉖ 7553 ㉗ 1890 ㉘ 3420 ㉙ 1508 ㉚ 1081
① 10148 ② 19524 ③ 18912 ④ 58878 ⑤ 24794
⑥ 12496 ⑦ 37660 ⑧ 36584 ⑨ 28956 ⑩ 25779

P.55 ① 1048 ② 1545 ③ 2146 ④ 1525 ⑤ 1132
⑥ 739 ⑦ 1062 ⑧ 747 ⑨ 1436 ⑩ 1247
① 184 ② 62 ③ 155 ④ 152 ⑤ 240
⑥ 135 ⑦ 172 ⑧ 131 ⑨ 165 ⑩ 190

P.56 ① 4514 ② 3230 ③ 1692 ④ 1518 ⑤ 1989
⑥ 2838 ⑦ 1458 ⑧ 1568 ⑨ 4015 ⑩ 3204
⑪ 2054 ⑫ 1007 ⑬ 5504 ⑭ 3162 ⑮ 7315
⑯ 1950 ⑰ 2544 ⑱ 1968 ⑲ 3900 ⑳ 5568
㉑ 1363 ㉒ 1485 ㉓ 4836 ㉔ 3552 ㉕ 4698
㉖ 3268 ㉗ 5440 ㉘ 2175 ㉙ 864 ㉚ 4116
① 17152 ② 13601 ③ 11392 ④ 27693 ⑤ 37575
⑥ 6252 ⑦ 14208 ⑧ 38240 ⑨ 21232 ⑩ 64665

P.57 ① 1596 ② 2814 ③ 2835 ④ 4028 ⑤ 1089
⑥ 5133 ⑦ 2368 ⑧ 3420 ⑨ 6888 ⑩ 3087
⑪ 4628 ⑫ 1026 ⑬ 4214 ⑭ 1598 ⑮ 1677
⑯ 12 ⑰ 11 ⑱ 19 ⑲ 14 ⑳ 13
㉑ 16 ㉒ 13 ㉓ 17 ㉔ 12 ㉕ 14
㉖ 14 ㉗ 13 ㉘ 17 ㉙ 16 ㉚ 24
① 37690 ② 49720 ③ 14601 ④ 17398 ⑤ 16478
⑥ 23848 ⑦ 16803 ⑧ 51192 ⑨ 48135 ⑩ 12894

P.58 ① 19242 ② 29376 ③ 26838 ④ 17688 ⑤ 14116
⑥ 33761 ⑦ 6345 ⑧ 17485 ⑨ 58104 ⑩ 9878
⑪ 15510 ⑫ 15954 ⑬ 9370 ⑭ 10788 ⑮ 18694
⑯ 9…2 ⑰ 9…1 ⑱ 8…3 ⑲ 8…6 ⑳ 7…3
㉑ 6…2 ㉒ 5…3 ㉓ 6…3 ㉔ 7…2 ㉕ 5…4
㉖ 5…3 ㉗ 7…1 ㉘ 7…2 ㉙ 5…2 ㉚ 4…5
① 131 ② 57 ③ 167 ④ 125 ⑤ 237
⑥ 136 ⑦ 242 ⑧ 91 ⑨ 147 ⑩ 107

P.59 ① ①[1],[1],[1],6231 ②[1],[1],[1],4223 ③[1],[1],[1],9311
④[1],[1],[1],8221
② ①990 ②860 ③480 ④720
③ ①[5],[14],[10],559 ②[2],[11],[10],238 ③[6],[10],[10],668
④[3],[12],[10],389
④ ①683,6 ②580,4

P.60 ① 12…1 ② 36…1 ③ 11…3 ④ 19…2 ⑤ 11…1
⑥ 18…3 ⑦ 10…3 ⑧ 14…2 ⑨ 28…2 ⑩ 26…1
⑪ 10…8 ⑫ 12…4 ⑬ 12…2 ⑭ 26…2 ⑮ 11…4
⑯ 15…3 ⑰ 23…1 ⑱ 18…2 ⑲ 16…3 ⑳ 14…2
㉑ 14…1 ㉒ 28…1 ㉓ 22…1 ㉔ 17…4 ㉕ 15…2
㉖ 17…1 ㉗ 12…6 ㉘ 18…3 ㉙ 30…1 ㉚ 41…1
① 9…3 ② 8…5 ③ 6…1 ④ 7…1 ⑤ 3…1
⑥ 4…1 ⑦ 6…2 ⑧ 9…4 ⑨ 9…1 ⑩ 9…7

P.61 ① 2565 ② 1366 ③ 1153 ④ 1116 ⑤ 1251
⑥ 1998 ⑦ 1238 ⑧ 752 ⑨ 847 ⑩ 1615
① 235 ② 95 ③ 144 ④ 121 ⑤ 205
⑥ 200 ⑦ 131 ⑧ 124 ⑨ 127 ⑩ 117

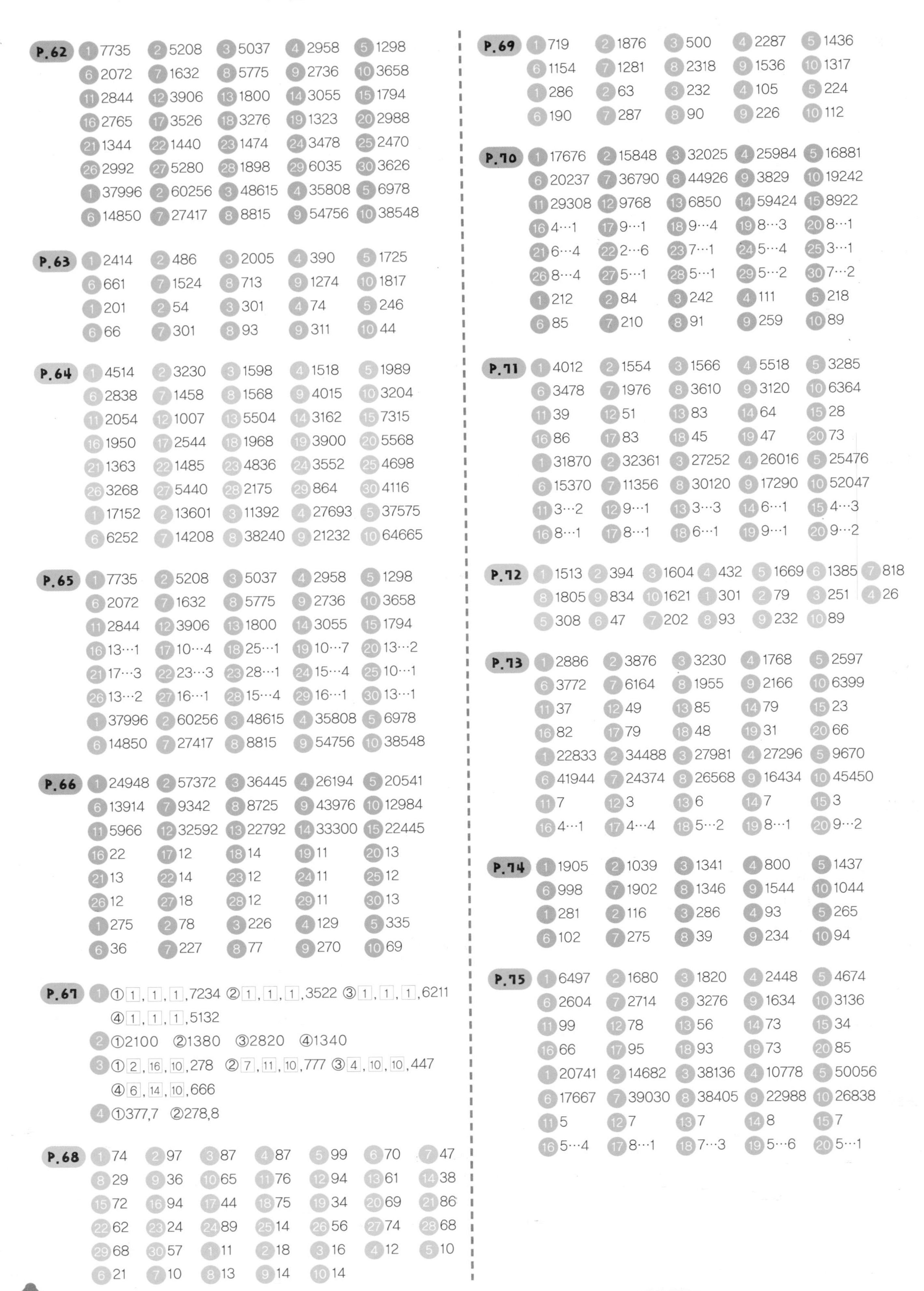

P.62
(1) 7735 (2) 5208 (3) 5037 (4) 2958 (5) 1298
(6) 2072 (7) 1632 (8) 5775 (9) 2736 (10) 3658
(11) 2844 (12) 3906 (13) 1800 (14) 3055 (15) 1794
(16) 2765 (17) 3526 (18) 3276 (19) 1323 (20) 2988
(21) 1344 (22) 1440 (23) 1474 (24) 3478 (25) 2470
(26) 2992 (27) 5280 (28) 1898 (29) 6035 (30) 3626
(1) 37996 (2) 60256 (3) 48615 (4) 35808 (5) 6978
(6) 14850 (7) 27417 (8) 8815 (9) 54756 (10) 38548

P.63
(1) 2414 (2) 486 (3) 2005 (4) 390 (5) 1725
(6) 661 (7) 1524 (8) 713 (9) 1274 (10) 1817
(1) 201 (2) 54 (3) 301 (4) 74 (5) 246
(6) 66 (7) 301 (8) 93 (9) 311 (10) 44

P.64
(1) 4514 (2) 3230 (3) 1598 (4) 1518 (5) 1989
(6) 2838 (7) 1458 (8) 1568 (9) 4015 (10) 3204
(11) 2054 (12) 1007 (13) 5504 (14) 3162 (15) 7315
(16) 1950 (17) 2544 (18) 1968 (19) 3900 (20) 5568
(21) 1363 (22) 1485 (23) 4836 (24) 3552 (25) 4698
(26) 3268 (27) 5440 (28) 2175 (29) 864 (30) 4116
(1) 17152 (2) 13601 (3) 11392 (4) 27693 (5) 37575
(6) 6252 (7) 14208 (8) 38240 (9) 21232 (10) 64665

P.65
(1) 7735 (2) 5208 (3) 5037 (4) 2958 (5) 1298
(6) 2072 (7) 1632 (8) 5775 (9) 2736 (10) 3658
(11) 2844 (12) 3906 (13) 1800 (14) 3055 (15) 1794
(16) 13…1 (17) 10…4 (18) 25…1 (19) 10…7 (20) 13…2
(21) 17…3 (22) 23…3 (23) 28…1 (24) 15…4 (25) 10…1
(26) 13…2 (27) 16…1 (28) 15…4 (29) 16…1 (30) 13…1
(1) 37996 (2) 60256 (3) 48615 (4) 35808 (5) 6978
(6) 14850 (7) 27417 (8) 8815 (9) 54756 (10) 38548

P.66
(1) 24948 (2) 57372 (3) 36445 (4) 26194 (5) 20541
(6) 13914 (7) 9342 (8) 8725 (9) 43976 (10) 12984
(11) 5966 (12) 32592 (13) 22792 (14) 33300 (15) 22445
(16) 22 (17) 12 (18) 14 (19) 11 (20) 13
(21) 13 (22) 14 (23) 12 (24) 11 (25) 12
(26) 12 (27) 18 (28) 12 (29) 11 (30) 13
(1) 275 (2) 78 (3) 226 (4) 129 (5) 335
(6) 36 (7) 227 (8) 77 (9) 270 (10) 69

P.67
(1) ① [1], [1], [1], 7234 ② [1], [1], [1], 3522 ③ [1], [1], [1], 6211
④ [1], [1], [1], 5132
(2) ①2100 ②1380 ③2820 ④1340
(3) ① [2], [16], [10], 278 ② [7], [11], [10], 777 ③ [4], [10], [10], 447
④ [6], [14], [10], 666
(4) ①377,7 ②278,8

P.68
(1) 74 (2) 97 (3) 87 (4) 87 (5) 99 (6) 70 (7) 47
(8) 29 (9) 36 (10) 65 (11) 76 (12) 94 (13) 61 (14) 38
(15) 72 (16) 94 (17) 44 (18) 75 (19) 34 (20) 69 (21) 86
(22) 62 (23) 24 (24) 89 (25) 14 (26) 56 (27) 74 (28) 68
(29) 68 (30) 57 (1) 11 (2) 18 (3) 16 (4) 12 (5) 10
(6) 21 (7) 10 (8) 13 (9) 14 (10) 14

P.69
(1) 719 (2) 1876 (3) 500 (4) 2287 (5) 1436
(6) 1154 (7) 1281 (8) 2318 (9) 1536 (10) 1317
(1) 286 (2) 63 (3) 232 (4) 105 (5) 224
(6) 190 (7) 287 (8) 90 (9) 226 (10) 112

P.70
(1) 17676 (2) 15848 (3) 32025 (4) 25984 (5) 16881
(6) 20237 (7) 36790 (8) 44926 (9) 3829 (10) 19242
(11) 29308 (12) 9768 (13) 6850 (14) 59424 (15) 8922
(16) 4…1 (17) 9…1 (18) 9…4 (19) 8…3 (20) 8…1
(21) 6…4 (22) 2…6 (23) 7…1 (24) 5…4 (25) 3…1
(26) 8…4 (27) 5…1 (28) 5…1 (29) 5…2 (30) 7…2
(1) 212 (2) 84 (3) 242 (4) 111 (5) 218
(6) 85 (7) 210 (8) 91 (9) 259 (10) 89

P.71
(1) 4012 (2) 1554 (3) 1566 (4) 5518 (5) 3285
(6) 3478 (7) 1976 (8) 3610 (9) 3120 (10) 6364
(11) 39 (12) 51 (13) 83 (14) 64 (15) 28
(16) 86 (17) 83 (18) 45 (19) 47 (20) 73
(1) 31870 (2) 32361 (3) 27252 (4) 26016 (5) 25476
(6) 15370 (7) 11356 (8) 30120 (9) 17290 (10) 52047
(11) 3…2 (12) 9…1 (13) 3…3 (14) 6…1 (15) 4…3
(16) 8…1 (17) 8…1 (18) 6…1 (19) 9…1 (20) 9…2

P.72
(1) 1513 (2) 394 (3) 1604 (4) 432 (5) 1669 (6) 1385 (7) 818
(8) 1805 (9) 834 (10) 1621 (1) 301 (2) 79 (3) 251 (4) 26
(5) 308 (6) 47 (7) 202 (8) 93 (9) 232 (10) 89

P.73
(1) 2886 (2) 3876 (3) 3230 (4) 1768 (5) 2597
(6) 3772 (7) 6164 (8) 1955 (9) 2166 (10) 6399
(11) 37 (12) 49 (13) 85 (14) 79 (15) 23
(16) 82 (17) 79 (18) 48 (19) 31 (20) 66
(1) 22833 (2) 34488 (3) 27981 (4) 27296 (5) 9670
(6) 41944 (7) 24374 (8) 26568 (9) 16434 (10) 45450
(11) 7 (12) 3 (13) 6 (14) 7 (15) 3
(16) 4…1 (17) 4…4 (18) 5…2 (19) 8…1 (20) 9…2

P.74
(1) 1905 (2) 1039 (3) 1341 (4) 800 (5) 1437
(6) 998 (7) 1902 (8) 1346 (9) 1544 (10) 1044
(1) 281 (2) 116 (3) 286 (4) 93 (5) 265
(6) 102 (7) 275 (8) 39 (9) 234 (10) 94

P.75
(1) 6497 (2) 1680 (3) 1820 (4) 2448 (5) 4674
(6) 2604 (7) 2714 (8) 3276 (9) 1634 (10) 3136
(11) 99 (12) 78 (13) 56 (14) 73 (15) 34
(16) 66 (17) 95 (18) 93 (19) 73 (20) 85
(1) 20741 (2) 14682 (3) 38136 (4) 10778 (5) 50056
(6) 17667 (7) 39030 (8) 38405 (9) 22988 (10) 26838
(11) 5 (12) 7 (13) 7 (14) 8 (15) 7
(16) 5…4 (17) 8…1 (18) 7…3 (19) 5…6 (20) 5…1

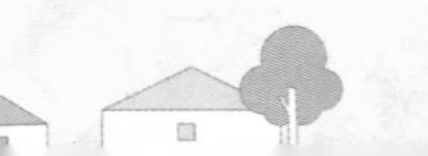